TEMA 56
ANATOMÍA Y FISIOLOGÍA DEL SISTEMA NERVIOSO HUMANO. ALTERACIONES DEL SISTEMA NERVIOSO EN LA SOCIEDAD ACTUAL. HÁBITOS SALUDABLES. LA SALUD MENTAL.

I0483879

0. INTRODUCCIÓN

El sistema nervioso no es un rasgo exclusivo de la especie humana. Las conexiones entre células nerviosas, la reacción entre estímulos, la variedad de neurotransmisores y receptores específicos, la plasticidad en los mecanismos de desarrollo,... son todos rasgos presentes en otros animales. Es la magnitud de este conjunto de relaciones, su complejidad, su capacidad para almacenar información (según el concepto de información de Shannon), lo que lo hace particularmente original.

El sistema nervioso de las personas es el que presenta un mayor volumen (y posiblemente número) de neuronas dedicadas a tareas de integración de la información de señales y la emisión de respuestas elaboradas. Trataré de exponer seguidamente, los rasgos principales de su anatomía y de su funcionamiento. Lo haré mediante el siguiente orden... (es muy conveniente exponer con claridad, aquí al principio, el orden que se va a seguir, leer el índice de una forma ágil)

1. EL TEJIDO NERVIOSO Y SUS CÉLULAS

El tejido nervioso está constituido por dos tipos celulares básicos: las células gliales y las neuronas.

1.1. Las células gliales

Las células gliales fueron descubiertas en 1856 por Rudolf Virchow, antes incluso de que se supiera con certeza que las neuronas eran células individuales. Se trata de células que no sólo dan soporte nutricional y mecánico a las neuronas, sino que pueden resultar cruciales en la regulación de la velocidad de transmisión del impulso nervioso, en el desarrollo de nuevas uniones sinápticas y en su estabilidad una vez formadas (ver PFRIEGER, F.W., 2002, en bibliografía útil)

Según su localización en el sistema nervioso (lo cual determina muchas veces su función y estructura), podemos clasificar las células gliales en dos grandes grupos:

- Células de glía del sistema nervioso central

    o Astrocitos → de aspecto estrellado, por sus múltiples prolongaciones. Los extremos de estas prolongaciones (podocitos) pueden estar en contacto con vasos sanguíneos, con botones sinápticos,... Su citoplasma contiene unos filamentos ricos en proteína ácida fibrilar glial (GFAP, exclusiva de este tipo celular). Pueden encontrarse en la materia gris (con más ramificaciones y más cortas) o en la blanca (con menos ramificaciones y más largas). Entre sus funciones podemos destacar la nutricional y su actuación en los procesos de reparación tisular.

    o Oligodendrocitos → son más pequeños y menos ramificados que los astrocitos. Su función principal es recubrir a las neuronas del sistema nervioso central y formar la vaina de mielina (que favorece la conducción nerviosa). Realizan, pues, una función análoga a la que las células de Schwann desempeñan en el sistema periférico.

    o Microglía → se trata de células fagocíticas, originadas en la médula ósea, que constituyen una representación del sistema inmunitario en el sistema nervioso central

    o Células ependimarias →se trata de células cilíndricas ciliadas que tapizan la cara interna de los ventrículos del encéfalo

- Células de glía del sistema nervioso periférico

    o Células de Schwann → forman la vaina de mielina que recubre los axones en el sistema nervioso periférico. Morfológicamente se les ve formando enrollamientos sobre sí mismas alrededor del axón (en ocasiones pueden llegar a dar más de 100 vueltas a un mismo axón)

- o Células capsulares → se encuentran rodeando los axones y dendritas de las neuronas de los ganglios nerviosos, formando auténticas cápsulas recubiertas de lámina basal.

- o Células de Müller → son unas células muy curiosas. Acompañan a las neuronas de la retina y parecen cumplir funciones puramente nutritivas y de sostén mecánico. No obstante, si ocurre una lesión en retina, en ocasiones pueden rediferenciarse y transformarse en una neurona. Es decir, actuarían como células estaminales de algunos tipos de neuronas.

1.2. Las neuronas

Para una ampliación sobre "El descubrimiento de las neuronas y la teoría neuronal", ver Tema 22.

Estructuralmente, se dividen en **axón, soma y dendritas**. El **axón** (estructura por la que se emite la señal nerviosa) es único, normalmente, pero se divide en múltiples ramas en su porción distal, para poder acceder a muchas células diana. Las **dendritas** (zona de recepción de la señal nerviosa) son estructuras muy ramificadas. Su grado de ramificación determina su capacidad para recibir estímulos. Ara hacernos una idea de la complejidad del sistema nervioso, señalaré un dato referente a este punto. Se han detectado casos en los que una sola neurona puede llegar a recibir hasta ~100000 contactos en el conjunto de su árbol dendrítico.

Las neuronas pueden tener una gran longitud (por ejemplo, las que van desde la médula espinal a los pies tienen una longitud de ~1 m), aunque esto no implica una mayor cantidad de señales recibidas/emitidas.

Dependiendo del lugar al que van dirigidas las **señales nerviosas**, pueden tener **múltiples significados**, pero **una única forma**. Siempre son señales basadas en cambios en el potencial eléctrico de la membrana plasmática. Cuando se genera una señal eléctrica en un punto de la membrana plasmática, esta puede propagarse de forma pasiva (sin que exista amplificación, como se ha detectado que sucede en algunas células pequeñas) o de forma activa.

Esta propagación activa, descrita en los años posteriores a 1940 en experimentos con neuronas de calamar, es uno de los rasgos más sorprendentes de las neuronas. Un estímulo eléctrico que sobrepasa cierto umbral de intensidad desencadena una explosión de actividad eléctrica que se propaga rápidamente por la membrana plasmática. Se trata del **potencial de acción**, que puede migrar a velocidades superiores a los 100 m/s.

El potencial de acción se genera gracias a la existencia de canales iónicos dependientes de voltaje. El estímulo eléctrico abre los canales de Na^+, con lo que el potencial de la membrana (que era de -70 mV) pasa rápidamente a un valor de +50 mV. Lo que produce una diferencia de potencial brusca, que se transmite lateralmente, provocando el mismo efecto en los canales de Na^+ adyacente. El retorno del potencial de membrana a su estado originario se debe a la apertura de los canales de K^+, también dependientes de voltaje, pero de respuesta mucho más lenta que los de Na^+. Este es básicamente el conocido proceso de generación de un potencial de acción (PA).

Señalaré algunos detalles relacionados con el potencial de acción...

- Si los canales de sodio se abren, se genera el PA. Hasta que no se vuelven a cerrar, no puede producirse otro PA. Este lapso de tiempo se denomina periodo refractario. Los canales de sodio, curiosamente, son energéticamente más inestables si están abiertos que si están cerrados, lo cual tiene una gran importancia biológica y permite su cierre rápido y una elevada frecuencia de disparo de PA

- El PA es un mecanismo de todo o nada. No existe una apertura parcial de los canales de sodio, proporcional al estímulo recibido, sino un umbral de estimulación que, al superarse, desencadena la respuesta completa y si no, presenta respuesta nula.

- La mielinización de los axones incrementa la velocidad y la eficiencia de la propagación del PA. En patologías, como la esclerosis múltiple, que llevan asociados procesos de desmielinización, esta es la fuente principal de los síntomas observados: la disminución de la velocidad del impulso nervioso por desmielinización.

La suma de PA que llegan a un árbol dendrítico se integra en el soma y se elabora una respuesta de salida. Ésta es el resultado de multitud de señales y su intensidad se codifica en la frecuencia de los PA emitidos.

Al llegar la señal eléctrica al extremo del axón, se produce un cambio de medio transmisor. La señal eléctrica se transforma en una señal química, para ser comunicada a la célula siguiente. Esta comunicación nerviosa de tipo químico se denomina sinapsis.

La **sinapsis** consta de los siguientes pasos...

- Llega la señal nerviosa y se abren los canales Ca^{2+}, que permiten el incremento de la concentración de calcio intracelular.

- El pico de concentración de calcio dispara la exocitosis del contenido de unas vesículas de la zona apical del axón, cargadas de grandes cantidades de una sustancia química denominada neurotransmisor.

- El neurotransmisor atraviesa la hendidura sináptica (espacio entre axón y dendrita) y se une a receptores específicos. Se trata de canales de Na^+, que provocan la despolarización rápida y la generación de un PA, que se transmite gracias a la existencia de zonas adyacentes con canales dependientes de voltaje.

Los manuales clásicos de fisiología nos hablan de 7 **neurotransmisores** principales en el sistema nervioso humano: acetilcolina, serotonina, dopamina, adrenalina, noradrenalina, glutamato y GABA (ácido γ-aminobutírico). Actualmente, no obstante, la lista de neurotransmisores ha incrementado y podríamos hacer la siguiente clasificación:

- Acetilcolina
- Monoaminas (adrenalina, noradrenalina, dopamina, serotonina, melanina)
- Aminoácidos (glutamato, GABA, aspartato y glicina)
- Algunos derivados purínicos (Adenosina, ATP, GTP,... y otros derivados)
- Canabinoides de origen endógeno (ácidos grasos modificados)

2. ANATOMÍA BÁSICA DEL SISTEMA NERVIOSO Y FUNCIONES DE LOCALIZACIÓN CONCRETA

En el desarrollo embrionario, se produce en los embriones humanos una hendidura dorsal (tubo neural) que acaba dando lugar al sistema nervioso (encéfalo y médula espinal). La parte más anterior de este tubo forma un ensanchamiento (vesícula) y originará el encéfalo, el resto dará origen a la médula espinal. Durante el crecimiento de este tubo, las paredes se engrosan, por lo que su aspecto final es el de un órgano macizo. No obstante, siempre queda una pequeña cavidad central, que dará origen a los ventrículos.

La vesícula sufre una serie de constricciones, que dan lugar a la formación de cinco cavidades. En sentido anteroposterior, reciben los siguientes nombres: telencéfalo, diencéfalo, mesencéfalo, metencéfalo y mielencéfalo. Los dos últimos suelen agruparse bajo el nombre de romboencéfalo. Seguiré este orden anteroposterior en mi exposición.

Antes, no obstante, comentar una peculiaridad histológica muy conocida. En el sistema nervioso encontramos, a nivel macroscópico, dos tipos de sustancia: la sustancia gris (compuesta por los somas de las neuronas y los árboles dendríticos) y la sustancia gris (compuesta por los axones fuertemente mielinizados). En el encéfalo la disposición habitual es la siguiente: sustancia gris externa y blanca interna. En la médula espinal, en cambio, la disposición es opuesta.

2.1. Telencéfalo

Se trata de la porción más voluminosa del encéfalo, comprende los dos hemisferios cerebrales y los núcleos profundos. Cada hemisferio se divide en cuatro grandes lóbulos, nombrados según el hueso del cráneo bajo el que se alojan: frontal, parietal, temporal y occipital. Ambos hemisferios están separados por una hendidura, en el fondo de la cual encontramos una estructura fibrosa, denominada cuerpo calloso, que alberga un enorme conjunto de fibras nerviosas que permiten a ambos hemisferios compartir información.

La corteza cerebral está recubierta superiormente por el cráneo (formado básicamente por los huesos citados anteriormente, más el etmoides y el esfenoides). Bajo la capa ósea que constituye el cráneo, encontramos las meninges, tres capas membranosas (duramadre, piamadre y aracnoides) que protegen el córtex cerebral de infecciones y, junto con el líquido cefalorraquídeo, amortiguan la intensidad de golpes menores.

El grosor de la corteza cerebral oscila entre los 1.5 y los 4 mm, según las zonas. Una sección transversal nos permite distinguir dos capas: la capa de materia gris (que agrupa todos los somas y dendritas, amielínicas), situada más en la periferia, y la capa de materia blanca, más central (compuesta por el conjunto de todos los axones, con alta proporción de mielina, que le confiere el color).

2.1.1. Zonas de la corteza cerebral

Los **lóbulos frontales** participan en funciones mentales complejas como la memoria, el juicio, la espontaneidad, solución de problemas, comportamiento social y sexual,... En estos lóbulos se localiza el área de Broca (área del lenguaje), que curiosamente presenta dimensiones mayores en el hemisferio izquierdo. Éste área controla la musculatura facial responsable del habla, y está conectada con el área de Wernicke por un haz de fibras nerviosas denominado fascículo arcuato. Lesiones en el fascículo arcuato impiden al individuo repetir lo que se acaba de escuchar.

Los **lóbulos parietales** reciben, en última instancia, todos los estímulos sensoriales del cuerpo. En esta zona también se halla las áreas motoras de la corteza. Encontramos tres porciones: el área somatosensorial (más posterior), el área motora (anterior, invadiendo ligeramente los lóbulos frontales) y la corteza de asociación motora (situada entre las dos anteriores).

El **lóbulo occipital** procesa la información visual. En esta zona se procesa la información proveniente de ambos ojos, se integran las sensaciones cromáticas, se percibe la profundidad de los objetos,...

En los **lóbulos temporales**, se realizan tareas complejas relacionadas con la visión, como el reconocimiento de caras. También es la zona de procesado de la información auditiva (especialmente, esto ocurre en el área de Heschl) y alberga otra de las áreas encargadas del lenguaje (el área de Wernicke). Éste área es la responsable de la comprensión y elaboración de un discurso lógico, la lectura en voz alta,... El área de Wernicke está más desarrollada en el hemisferio izquierdo.

2.1.2. Núcleos profundos

Se trata de agrupaciones de neuronas con cierta autonomía funcional, situadas debajo de la corteza cerebral.

En primer lugar, distinguimos el **núcleo estriado**, que forma parte de las descripciones anatómicas del encéfalo desde 1664, gracias a los trabajos del médico inglés Thomas Willis. En él distinguimos...

- el **putamen**, que parece intervenir en procesos de refuerzo del aprendizaje

- el **núcleo caudado**, que en un principio se creyó que controlaba los movimientos corporales, se sabe actualmente una pieza clave en los procesos de memoria y aprendizaje

- el **nucleus accumbens**, en la zona anterior del putamen, parece jugar un papel en procesos como el reírse, experimentar placer, miedo o adicción

Otro núcleo importante es el **globus pallidus**. Parece que no emite directamente axones a ninguna estructura cerebral externa a los núcleos profundos y que estaría encargado de la modulación de la función general de estos núcleos. Esta estructura es la diana escogida, muy frecuentemente, en las terapias de estimulación profunda del cerebro empleadas contra la enfermedad de Parkinson.

Destaca, en la porción ventral del tálamo, un pequeño núcleo en forma de lente denominado **núcleo subtalámico** (fue descrito en 1865 por el neurólogo francés Jules Bernard Luys, por lo que en algunos manuales aparece como núcleo de Luys). Trabaja muy en relación con el globus pallidus y también es efectiva su sobrestimulación en la terapia del Parkinson.

Otra porción, morfológicamente muy heterogénea, de los núcleos profundos es la **sustancia nigra**. Presenta tres zonas (pars compacta, pars reticulata y pars lateralis). Se trata del principal productor de dopamina en el cerebro, jugando un papel importante en procesos de aprendizaje.

2.2. Diencéfalo

Se trata de la segunda porción del encéfalo, según su desarrollo en el eje anteroposterior. En ella encontramos tres zonas principales

- Epitálamo, que alberga la glándula pineal.

- Tálamo, órgano par que recibe casi todos los impulsos sensoriales y los procesa para su procesamiento cortical, excepto la percepción olfativa, que no pasa por tálamo.

- Hipotálamo, zona clave en los procesos de regulación endocrina (ver Tema 58, apartado 2)

2.3. Mesencéfalo

En él se encuentran los tubérculos cuadrigéminos (en total, cuatro agrupaciones según su posición anterior/posterior derecha/izquierda) a donde llegan las neuronas del nervio óptico tras cruzarse, algunas de ellas, en el quiasma óptico. Es curioso observar como aquellas fibras nerviosas que provienen de la retina lateralmente opuesta se agrupan en una zona de los tubérculos, mientras que aquellas fibras que no han sufrido cruce alguno se encuentran también agrupadas.

También en el mesencéfalo encontramos el centro auditivo, que recibe información del nervio auditivo y se conecta con las correspondientes áreas corticales y con el cerebelo para el control del equilibrio.

En posición ligeramente anterior al quiasma óptico encontramos un grupo de fibras nerviosas, que, provenientes de retina, se dirigen hacia el centro auditivo del mesencéfalo. Esta conexión permite reflejos curiosos como la contracción pupilar tras sonidos de elevada intensidad o el movimiento de la cabeza en busca de la fuente sonora.

2.4. Metencéfalo

En él encontramos dos estructuras principales: el cerebelo y el puente troncoencefálico.

El cerebelo es un órgano par cuya apariencia recuerda a un cerebro en miniatura (de ahí su nombre). Recibiendo información sensorial de muchas zonas del cuerpo, filtrada normalmente por tálamo o por corteza, el cerebelo actúa como centro de control de los movimientos corporales. En él toman cuerpo en gran parte las estrategias motoras para los movimientos finos (escritura, habilidades manuales,...), modificaciones habituales de postura (andar, gatear, ejercicio deportivo,...), mantenimiento del equilibrio.

El puente troncoencefálico se encarga de la conexión entre los dos hemisferios cerebrales y de estos con mesencéfalo y bulbo. Es la zona de origen de los nervios craneales V a VIII. Agrupaciones neuronales propias, como los centros neumotáxico y apnéustico, participan en el control de la respiración, junto con el bulbo raquídeo.

2.5. Mielencéfalo

El bulbo raquídeo se sitúa entre el puente troncoencefálico y la médula espinal. Entre sus funciones destaca la transmisión de impulsos de la médula espinal al cerebro. También encontramos funciones como la regulación de la frecuencia cardiaca y respiratoria, la detección de sensaciones como hambre o sed, la regulación de la temperatura corporal,...

2.6. La médula espinal

Se trata de un cordón nervioso que circula a lo largo de la región dorsal del cuerpo. Está protegido por las meninges y un colchón del líquido cefaloraquideo.

Se trata de una estructura segmentada. De cada segmento surgen un par de nervios motores por la cara ventral de la médula. También en cada segmento se reciben dos nervios sensoriales por la cara dorsal de la médula.

Las funciones principales de la médula son la transmisión de los impulsos sensoriales al encéfalo (vías aferentes), la transmisión de las órdenes motoras desde el encéfalo a los órganos (vías eferentes) y la elaboración de reflejos nerviosos propios.

De la médula surgen 31 pares de nervios, de los cuales 8 son cervicales, 12 torácicos, 5 lumbares y 5 sacros. La médula concluye con un par de nervios coccígeos y una pequeña prolongación denominada *"filum terminale"*.

3. FUNCIONES NERVIOSAS COMPLEJAS

Numerosos rasgos propios de la fisiología y de la conducta humana están regulados a nivel nervioso. La lista abarcaría desde fenómenos relativamente sencillos y localizados como los actos reflejos medulares hasta situaciones de ejecución más dispersa como el control de la tensión sanguínea, la regulación de temperatura corporal,... o incluso pautas de comportamiento más complejas como el miedo, las conductas adictivas, el aprendizaje, el desarrollo de un lenguaje hablado...

Al no ser posible una profundización exhaustiva en cada uno de estos apartados, he escogido tres, que comentaré a continuación con algo más de detalle:

- las funciones vegetativas
- la memoria
- el sueño

3.1. Las funciones vegetativas

Las funciones vegetativas o autónomas, aquellas que el sistema nervioso modula sin la necesidad de una voluntad consciente, son múltiples, como señalaré a continuación. El conjunto de elementos nerviosos (núcleos y fibras) encargado de estas tareas se denomina sistema nervioso autónomo. Se divide funcional y anatómicamente en dos subsistemas: el simpático y el parasimpático, cuya fisiología es antagónica.

Su localización es amplia dentro del sistema nervioso. Algunas zonas del encéfalo cumplen funciones de regulación autónoma. Podríamos encontrar centros reguladores de la sed, la temperatura, a nivel de tálamo e hipotálamo, así como informaciones de cara a la modulación de la frecuencia cardiaca, diámetro arterial,... provenientes de corteza cerebral. No obstante, el centro principal de control vegetativo es el bulbo raquídeo.

Paralelamente a la médula espinal, se extienden dos cadenas de fibras nerviosas, ensanchadas periódicamente en ganglios simpáticos. Ubicados externamente a estos cordones nerviosos se encuentran una serie de ganglios parasimpáticos.

Como he comentado, se trata de sistemas cuya actuación suele ser antagónica, por lo que sólo me detendré a comentar las acciones del sistema simpático, ya que las del parasimpático son las opuestas. Así pues, el sistema nervioso simpático tiene, entre otras, las siguientes acciones:

- aumento de la secreción de adrenalina a nivel de la médula suprarrenal
- aumento de la frecuencia cardiaca
- aumento de la frecuencia de ventilación pulmonar
- disminución del diámetro vascular → incremento de presión sanguínea
- disminución de la función digestiva en general
- estimulación de la dilatación pupilar (midriasis)
- disminución de la función sexual en general
- ...

3.2. La memoria

La memoria humana es la función cerebral mediante la que las personas podemos retener experiencias pasadas. Los recuerdos se crean cuando un circuito neuronal, basado en conexiones sinápticas, es estimulado por encima de un umbral mínimo.

El mecanismo de adquisición de memoria es diferente según el alcance temporal del recuerdo generado. Por ello, hablaremos de *memoria a corto plazo* (consecuencia de la intensidad sináptica, sin intervención de mecanismos genéticos) y *memoria a largo plazo* (consecuencia de una actividad de refuerzo permanente de la sinapsis basada en procesos de activación génica).

¿Cómo se adquiere esta fijación de los recuerdos en la mente? La misma estimulación nerviosa repetida provoca la estimulación genética, parece ser que a través de la vía CREB de activación transcripcional, y se fabrican ciertas proteínas que estabilizan la conexión sináptica. Esto es una prueba de la enorme plasticidad del cerebro. No se trata de una red fija de conexiones. La naturaleza de esta red varía con el ejercicio mental. De ahí la importancia de mantener hábitos cognitivos (lectura, música, discurso,...) como factor preventivo de ciertas patologías de degeneración nerviosa.

3.3. El sueño

El sueño es una actividad de relajación intensa de las funciones corporales, que es aprovechada para, por decirlo de alguna manera, la ordenación de la actividad cerebral.

Podemos distinguir dos fases en esta actividad, según las manifestaciones que pueden recogerse en un análisis de la actividad eléctrica cerebral (electroencefalograma, EEG).

- **Sueño con movimientos oculares rápidos** (REM, según sus siglas inglesas) (conocido también como sueño paradójico, desincronizado o D. Se caracteriza por un EEG de baja amplitud y de frecuencia mixta, en el que se aprecian brotes de actividad más lenta (3 a 5 Hz) con deflexiones negativas superficiales ("ondas en diente de sierra") superpuestas frecuentemente a este patrón. Esta fase va asociada al desarrollo de movimientos oculares rápidos

- **Sueño sin movimientos oculares rápidos** (NREM), que suele podríamos subdividir en 3 estados
    1. La fase 1 del NREM, cuyo EEG es muy similar a la REM, es la transición desde la vigilia al sueño
    2. La fase 2 del NREM se define por la aparición, en el EEG, de complejos K y de husos de sueño superpuestos a una actividad basal similar a la de la fase 1.
    3. Fase de sueño *de ondas lentas, delta* o *profundo*.

4. PRINCIPALES ALTERACIONES

4.1. Depresión

Existen muchos casos de anormalidad nerviosa asociada a tristeza, baja autoestima, cambios en el estado de ánimo. No obstante, no se trata de lo que clínicamente se conoce como depresión mayor. Esta patología, asociada a alteraciones en los niveles normales de algunos neurotransmisores, cursa con algunos de los siguientes síntomas. Normalmente, se considera que existe una depresión mayor cuando coinciden más de cinco síntomas o alguno de ellos es particularmente intenso. Los síntomas son la tristeza acompañada de llanto, cambios en el apetito y en las pautas de sueño, irritabilidad, ansiedad, indecisión, sentimiento de culpa por algo, rechazo a la vida social, dolores excesivos no justificados, ideas de posible muerte o suicidio. Éste último constituye el síntoma de mayor riesgo de esta patología: la tendencia del paciente al suicidio.

4.2. Síndrome de déficit de atención con hiperactividad (SDAH)

En su cuadro clínico coinciden una serie de síntomas relacionados con la incapacidad para atender del niño (distracción fácil, falta de concentración, perder cosas, no para de moverse, le resulta imposible estar sentado un tiempo largo, habla mucho, no piensa muchas cosas que dice o hace, interrumpe...). Las consecuencias principales son un bajo rendimiento escolar y dificultades de socialización.

Estas conductas no siempre van asociadas a un SDAH, ya que son muy normales en niños antes de los 7 años o de forma esporádica en niños mayores. No se considera un SDAH si no se trata de conductas repetidas (durante más de 6 meses) en todos los ambientes frecuentados por el niño.

Puede emplearse tratamiento farmacológico (el metilfenidato suele dar buenos resultados) y tratamiento conductual, para recanalizar el exceso de energías hacia fines productivos.

4.3. Esquizofrenia

Aproximadamente el 1% de la población mundial padece esta patología, una de las que va asociada a un mayor temor y rechazo social.

Es un trastorno psicótico complejo en el que pueden aparecer algunos de los siguientes síntomas: alucinaciones, delirios, megalomanía, enlentecimiento de pensamientos, ideas bizarras, cambios bruscos del ánimo, embotamiento afectivo, aislamiento o desconexión con lo que rodea al paciente. En ocasiones el paciente llega a pensar que los pensamientos íntimos propios son de dominio público y se sitúa mentalmente como el centro del mundo.

Esta patología suele manifestarse inicialmente con un brote esporádico en la adolescencia o al principio de la edad adulta. No se conocen exactamente sus causas, aunque los datos más recientes apuntan, como factores promotores, a una alteración química progresiva del cerebro, infecciones por virus, complicaciones en el parto,...

Se trata mediante antipsicóticos, que se hacen imprescindibles, combinados con terapia conductual en los periodos de no-crisis (rehabilitación neuropsicológica, terapia cognitiva, desarrollo de habilidades sociales, entrenamiento para la vida autónoma, psicomotricidad,...). En la actualidad, esta patología puede tratarse con bastante éxito, llevando al paciente a niveles cercanos a la normalidad y a una buena capacidad de predicción de las crisis.

4.4. Trastorno bipolar

Consiste en la alternancia, no necesariamente consecutiva, de episodios de depresión, de manía y de completa normalidad. Todos los episodios no tienen porqué repetirse en cada ciclo y la frecuencia de cambio de estado varía mucho (alta en periodos de crisis y baja en periodos de calma).

Suele tratarse con fármacos apropiados a cada una de las fases (suplementos de litio, haloperidol, sinogan,..)

4.5. Ansiedad

Hablamos de ansiedad como trastorno nervioso cuando los síntomas de un estado emocional ansioso permanecen en el tiempo bloqueando la capacidad de acción de la persona. Cuando estos síntomas se dan de forma continua durante más de seis meses, hablamos de ansiedad generalizada. Es un estado de tensión continua en torno a situaciones cuyo pronóstico es desfavorable. Normalmente estos miedos no se ajustan a los desenlaces predecibles en la realidad. Suele acompañarse de síntomas: temblor, tensión muscular, dolor de cabeza, irritabilidad, mareos, disnea, cansancio, náuseas, necesidad urgente de orinar, sensación de nudo en la garganta, taquicardia, hiperventilación, dificultad para dormir y falta de concentración.

La medicación con ansiolíticos (benzodiacepinas, azapironas, antidepresivos tricíclicos, inhibidores selectivos de la recaptación de la serotonina,...) y el tratamiento conductual suele ser lo habitual.

Sin que se trate de ansiedad generalizada, otras situaciones pueden revestir síntomas similares y pueden requerir tratamientos puntuales similares. Hablamos de pánico, fobias, trastorno por estrés post-traumático, obsesiones,...

4.6. Trastornos de la conducta alimentaria

Una exagerada tendencia hacia la obtención de la figura corporal deseada puede derivar en patologías psíquicas que afectan a los hábitos alimentarios. Se han comentado en el tema 54 (nutrición y alimentación) y son la anorexia nerviosa y la bulimia los ejemplos más conocidos.

4.7. Trastornos del sueño

Definimos insomnio como la incapacidad para conciliar o mantener el sueño de acuerdo a las necesidades fisiológicas personales. Es importante el matiz "personales", ya que el total de tiempo de sueño depende del tipo de persona, por lo que pueden darse casos de insomnio aunque se duerma muchas horas.

Una serie de síntomas pueden servir de criterio para saber si la persona padece insomnio (cuesta conciliar el sueño, se despierta muchas veces durante la noche y le cuesta volverse a dormir, se despierta por la mañana antes de lo habitual y no puede volverse a dormir, tiene la sensación de que el sueño no le descansa,...)

Otro trastorno del sueño es la apnea nocturna (interrupción de la capacidad de dormir por una dificultad respiratoria, a veces de origen nervioso, pero normalmente de origen obstructivo). Existen durante la noche pequeños periodos (a veces hasta de 10 segundos) en los que el cuerpo aguanta la respiración, y ello explica el cansancio diurno pese a que se ha dormido toda la noche y no se recuerda nada.

Otra situación es la narcolepsia, una especie de somnolencia incontrolada diurna. Estos pacientes tienen un adormilamiento continuo que puede transformarse en sueño profundo de forma brusca. Su origen podría estar relacionado con las agrupaciones neuronales encargadas de la transición sueño-vigilia, pero en la actualidad se desconoce con exactitud.

Una serie de situaciones frecuentes se denominan parasomnias. En este grupo entraría el hablar dormido, la confusión al despertar, sensación de ahogo o taquicardia, pesadillas,...

4.8. Enfermedad de Parkinson

Es una enfermedad neurodegenerativa ocasionada por la pérdida de neuronas en la *substantia nigra*. Afecta normalmente a personas de edad avanzada y se caracteriza por los siguientes síntomas: bradicinesia (lentitud de los movimientos voluntarios), acinesia (ausencia de movimiento), rigidez muscular y temblor.

4.9. Enfermedad de Alzheimer

Es una enfermedad neurodegenerativa caracterizada por un deterioro cognitivo general (manifestado en una progresiva pérdida de memoria) y la aparición de trastornos conductuales complejos. Fue identificada como neuropatología por Alois Alzheimer en 1906.

Su duración suele ser de unos 10-12 años, aunque es muy variable. Su origen es la deposición de placas proteicas (formadas por una proteína denominada β-amiloide) sobre diversas zonas del encéfalo, dificultando así la intensidad de las transmisiones nerviosas. Actualmente, un tratamiento prometedor parece ser el basado en fármacos como las huprinas o las huperzinas (que inhiben acetlcolineterasa), pero es un campo en intenso estudio y se están buscando muchas otras estrategias farmacológicas (inibidores de agregación de β-amiloide, inhibidores de GSK-3, inhibidores de Tau,...)

4.10. Ataxia

Es una patología caracterizada por provocar la descoordinación en el movimiento combinado de diferentes partes del cuerpo humano (dedos y manos, brazos y piernas,…). Puede afectar también a la capacidad de habla, movimientos oculares, deglución,… Se debe a una degeneración cerebelar.

4.11. Corea de Huntington

Se trata de una enfermedad neurodegenerativa hereditaria (causada por una mutación genética) que destruye progresivamente los ganglios basales.

Presenta un patrón de herencia autosómica dominante. Aún existiendo la mutación genética (en el gen de la huntingtina), la intensidad de la enfermedad es variable en función de muchos factores externos.
La enfermedad se inicia con fenómenos de alteración cognitiva y motora, de progresión muy lenta, durante un periodo de 15 a 20 años. Externamente, se manifiesta con el movimiento exagerado de las extremidades y la aparición de muecas repentinas. Junto a ello, se dificultan progresivamente procesos como el habla o la deglución. Finalmente se llega a un estado crítico de demencia en el que la probabilidad de suicidio es muy elevada.

4.12. Esclerosis múltiple

Se trata de una enfermedad asociada a degeneración neuronal a nivel general. El síntoma más característico es la progresiva tendencia a la parálisis parcial o total.

4.13. Enfermedades infecciosas

Podemos señalar, como casos paradigmáticos…

- la meningitis. Está causada por la infección de las meninges por la bacteria *Neisseria meningitidis* (denominado clínicamente meningococo). Es una patología que cursa con fiebre muy alta, rigidez de nuca (hasta el punto que el paciente no puede mirar al techo, por ejemplo) y su desenlace puede ser fácilmente fatal, por lo que conviene actuar con carácter urgente. Afecta principalmente a niños. Actualmente las campañas de vacunación han disminuido mucho la incidencia.

- la poliomielitis, causada por un virus, es una infección del tejido nervioso que lleva habitualmente a la parálisis progresiva parcial. Actualmente existe vacuna para ella y está incluida en los planes generales de vacunación de muchos países. No obstante, aún es habitual encontrar casos esporádicos de personas, con problemas locomotores visibles, que padecieron esta enfermedad en su infancia.

5. HÁBITOS RECOMENDABLES PARA UNA BUENA SALUD MENTAL

Antes de exponer una serie de buenas costumbres, comentaré una propiedad del sistema nervioso que justifica la adopción de estas conductas (si bien no olvidaremos nunca que el término "salud mental" puede tener interpretaciones muy variables).

La propiedad en la que quiero fijarme es la plasticidad neuronal. El tejido nervioso no mantiene de forma fija las conexiones entre neuronas. Es más, aunque siempre nos habían comentado que las neuronas alcanzan tal grado de diferenciación que les hace imposible dividirse, esto se va viendo que no es del todo cierto. Estudios de 1998 con células de hipocampo demostraron por primera vez la división in vivo de neuronas de mamífero (en concreto, los experimentos se llevaron a cabo con ratones). Actualmente (2007) es bien sabido que en el cerebro existen neuronas capaces de dividirse, y que adquieren gran actividad en situaciones de reparación de traumatismos, etc.

De esta manera, es sencillo entender que el cerebro evoluciona durante la vida del individuo. No estamos hablando de una evolución lenta sino más bien de procesos que pueden cursar con extrema rapidez (por ejemplo, la memorización rápida de un número de teléfono conlleva la formación y refuerzo de nuevas conexiones, que se desharán segundos más tarde de su utilización, a no ser que actúen algunos de los mecanismos de la memoria a medio plazo).

Basándonos en esta idea de plasticidad, todas aquellas costumbres que desarrollen la actividad cerebral, incrementando su complejidad (es decir, la cantidad de información almacenable y gestionable), podremos considerarlas hábitos saludables.

- en recién nacidos, favorecer la estimulación sensorial (juguetes de varios colores y texturas, cuentos leídos,...). Existen numerosas evidencias de que si los padres leen cuentos a sus bebés, estadísticamente se nota un descenso en la edad de inicio de las habilidades lectoras de los propios niños.

- el estudio en general tiene un efecto beneficioso sobre la salud mental. Se observa una ligera protección frente a patologías de tipo neurodegenerativo en personas que mantienen actividades intelectuales importantes hasta avanzada edad. Obviamente, muchos otros factores (genéticos, presencia de lesiones cerebrovasculares previas,...) modulan la incidencia de estas enfermedades.

- el entorno social, familiar o afectivo juega un papel crucial en el desarrollo mental. Son numerosas las evidencias. Por ejemplo...

  o el desarrollo de SDAH es más frecuente en niños que viven situaciones familiares habitualmente traumáticas.

- o en personas que padecen el desorden bipolar, los episodios de normalidad, e incluso la eventual recuperación total, se dan con mucha mayor frecuencia si acompaña el entorno familiar (el afecto hacia el paciente, el orden de costumbres, la ilusión en la recuperación,...)

- el orden de vida, la organización sensata de las tareas, la regularidad en las horas de sueño, el control del tiempo de dedicación a cada tarea (para evitar obsesiones), previenen del desarrollo de patologías como la depresión, la ansiedad,... Sin olvidar el carácter genético o circunstancial de estas patologías, es necesario estar atento a las alteraciones del orden (especialmente en lo referente al sueño), para poder prevenir a tiempo alguna patología mayor.

- la vacunación frente a enfermedades infecciosas que afecten al sistema nervioso

6. CONCLUSIÓN

Los principales rasgos anatómicos del sistema nervioso son conocidos desde las descripciones anatómicas de los médicos clásicos. No obstante, hasta finales del siglo XIX, no se llega a una evidencia suficiente sobre su naturaleza microscópica, sobre la individualidad neuronal y, en definitiva, sobre las bases estructurales que nos permiten formarnos una idea de su funcionamiento. Resultan claves en este paso final los trabajos del médico español Santiago Ramón y Cajal.

El trabajo investigador, en la actualidad, se centra en campos como...

- la definición de las redes de conexiones nerviosas que sustentan comportamientos complejos

- el desarrollo embrionario del sistema nervioso, su plasticidad, su estabilidad, su capacidad para recuperarse tras una lesión,...

- la actuación farmacológica sobre la transmisión nerviosa

... la cantidad de artículos científicos que semanalmente aportan nuevos rasgos a este conocimiento es inabarcable.

Podríamos concluir, uniéndonos a la versión optimista, pregonando que estos avances nos llevarán a conseguir el gran reto: *que el cerebro entienda cómo funciona el cerebro*. No obstante, me inclinaré por una imagen más rica, a mi juicio, expuesta desde unas sencillas palabras del arquitecto y filósofo español Eduardo Chillida: *"La verdadera importancia de la razón reside en el poder que tiene para hacernos descubrir sus propias limitaciones"*

Bibliografía útil:

FIELDS, R.D. (2007) "Más allá de la teoría neuronal", Investigación y Ciencia, N° 369

GUYTON, A.C. y HALL, J.E. (2003) "Tratado de fisiología médica", 10°ed, Ed. McGraw-Hill

KOCH, C y GREENFIELD, S. (2007) "¿Cómo surge la consciencia?, Investigación y Ciencia, N° 375

PFRIEGER, F.W. (2002) "Role of glia in synapse development", Current Opinion in Neurobiology, 12: 486-490

THIBODEAU, G.A. y PATTON, K.T. (2007) "Anatomía y fisiología", 4°ed, Ed. Interamericana-McGraw-Hill

TORTORA, G.J. y GRABOWSKY, S.R. (2005) "Principios de anatomía y fisiología", 9°ed, Ed. Oxford.

TSIEN, J.Z. (2007) "El código de la memoria", Investigación y Ciencia, N° 372

TEMA 57

ANATOMÍA Y FISIOLOGÍA DE LOS ÓRGANOS DE LOS SENTIDOS EN EL SER HUMANO. HÁBITOS SALUDABLES Y PRINCIPALES ENFERMEDADES.

0. INTRODUCCIÓN

Los seres vivos lo son por su capacidad de captar y organizar la materia circundante de acuerdo a sus necesidades propias (función de nutrición), por su habilidad para fabricar organizaciones estructurales y funcionales semejantes a sí mismas (función de reproducción) y por la peculiaridad que tienen de cambiar su funcionamiento de acuerdo a las condiciones físicoquimicas variables del mundo que les rodea (función de relación). Este último rasgo es en parte posible gracias a la evolución de una serie de sistemas de captación de la realidad exterior.

En el presente tema, expondré los rasgos principales de este aparato sensorial humano. Lo haré mediante el siguiente orden. (es muy conveniente exponer con claridad, aquí al principio, el orden que se va a seguir, leer el índice de una forma ágil)

1

1. LA VISTA

1.1. La anatomía del ojo en cinco puntos

a) Su forma externa y el recubrimiento óseo. El ojo es un órgano ligeramente esférico, abombado en su zona anterior, con un diámetro de ~2.5 cm. Se instala en las órbitas oculares (hendiduras en cuya pared encontramos participación de muchos huesos. Los principales son: etmoides, esfenoides, frontal, temporal, y maxilar superior.

b) La pared del globo ocular está formada por tres capas.
   a. Capa externa. Está formada por la esclerótica (ligeramente irrigada, compuesta de tejido conjuntivo denso, de aspecto blanco) y la córnea (no irrigada, más abombada y transparente, que debe su transparencia, aunque parezca contraintuitivo, a una menor hidratación de la matriz extracelular)
   b. La túnica media. Compuesta de la coroides (tejido muy irrigado, responsable del aporte sanguíneo a otras zonas del ojo: iris, retina,...) y el iris (tejido de naturaleza contráctil y pigmentado responsable de regular la cantidad de luz que entra en el ojo y del carácter fenotípico "color de los ojos")
   c. Túnica interna. Tapiza aproximadamente los dos tercios posteriores del interior del globo ocular. En su zona anterior, presenta un anillo de tejido muscular (el músculo ciliar, del que surgen en cada ojo ~70 ligamentos suspensorios hacia el cristalino, ocupándose en su conjunto de regular los procesos de acomodación). En posición más posterior a este músculo encontramos una zona denominada ora serrata, que lo separa de la retina. Ésta ocupa casi toda la superficie posterior de la túnica interna. La retina es un tejido que, por sus características histológicas, muchos manuales de oftalmología lo consideran parte del sistema nervioso central. Consta de 10 capas (descritas ya en trabajos de Ramón y Cajal) en las que se combinan neuronas y células acompañantes (células gliales, astrocitos,...). La capa más cercana a la coroides (la penúltima que atraviesan los rayos de luz) se denomina epitelio pigmentario. Repartidos por la retina, con su zona apical orientada hacia la coroides, encontramos dos tipos celulares denominados fotorreptores. Se trata de los conos (encargados de la visión fotópica, alta intensidad lumínica) y los bastones (visión escotópica, intensidad lumínica baja). Hay una zona de la retina donde la densidad de conos es máxima, situada a 20° del centro teórico de la retina, denominada fóvea (en el centro justo de la fóvea, la densidad de bastones es nula).

c) El interior del globo ocular se divide en tres zonas. Según la dirección de entrada de la luz distinguimos el humor acuoso (transparente y de consistencia líquida), el cristalino (transparente, con mayor carga proteica y de consistencia fibrosa) y el humor vítreo (transparente, aunque de consistencia gelatinosa).

2

d) Desde la zona posterior del ojo sale el nervio óptico, que recoge todos los impulsos nerviosos generados en los fotorreceptores y los envía a la región occipital de la corteza cerebral para su procesado.

e) Externamente al globo ocular encontramos los músculos extrínsecos (un total de seis –recto superior, r. inferior, r. nasal , r. temporal, oblicuo superior y oblicuo inferior-, que controlan el movimiento de los ojos), los párpados (que sirven de protección mecánica y favorecen la lubricación homogénea) en cuya región anterior encontramos las pestañas y las glándulas de Meibomio (que aportan parte de la secreción lipídica ocular). Sobre las órbitas oculares están las cejas (que evitan entrada de sudor, polvo,...). Finalmente, en el párpado superior de cada ojo, en la zona temporal, encontramos la glándula lacrimal principal.

1.2. La fisiología del ojo en cinco puntos

a) **Focalización de la luz en la retina.** Los objetos del mundo exterior son captados en la retina en forma de imágenes de menor tamaño e invertidas. El conjunto de tejidos y sustancias que ha de atravesar la luz presentan diferentes índices de refracción, y el paso de unos a otros modula la dirección de la misma. El poder de refracción global del ojo humano es de ~59 dioptrías. Aparte de la variación de los índices de refracción, la variación en la curvatura del cristalino puede modificar el punto en el que queda enfocada la imagen. Esta capacidad, que permite reestructurar el cristalino para ver de cerca o de lejos, se denomina poder de acomodación. Es máximo tras el nacimiento y se pierde progresivamente con la edad. La acomodación funciona como sigue: si el músculo ciliar se relaja, el cristalino queda aplanado por su cara anterior, gracias a la tensión de los ligamentos suspensorios (situación ideal para ver de lejos). El mecanismo opuesto permite la visión de cerca (músculo ciliar contraído y abombamiento del cristalino).

b) **Regulación de la cantidad de luz.** La extensión/compresión del iris modifica el tamaño del orificio central (pupila) y modula la cantidad de luz que penetra en la cámara visual. Si la pupila es grande hablamos de midriasis y si es pequeña de miosis.

c) **Visión binocular.** La superposición del campo visual de ambos globos oculares permite a la visión humana la capacidad de ubicar los objetos observados en un espacio tridimensional. Esta propiedad, que denominamos visión estereoscópica, nos confiere una ventaja sustancial, dado que nos permite obtener una representación más exacta de ciertas propiedades del mundo real (relieves, posiciones, distancias relativas,...)

d) **Mecanismo molecular de la visión.** Explicaré la química de la visión basándome en lo que ocurre en los bastones (visión escotópica o nocturna). En el apartado siguiente, comentaré las modificaciones

3

incorporadas en el mecanismo que emplean los conos, que permiten la visión en color. El mecanismo se inicia en una proteína de 38kDa de la membrana de los bastones, denominada rodopsina. En su centro activo tiene un grupo prostético (el 11-cis-retinal, derivado de la vitamina A). La llegada de luz cataliza la isomerización del 11-cis-retinal a 11-trans-retinal, proceso que dura ~1 ms. Este cambio dispara un mecanismo de transducción de señal. Una proteína G adyacente contacta con la rodopsina por su dominio b, y, en su dominio as, cataliza la hidrólisis de una molécula de GTP a GDP. Paralelamente, esta subunidad de la proteína G activa una fosfodiesterasa, que hace disminuir la concentración de GMP_c que bloqueaba los canales de entrada de Na^+ en la célula. En consecuencia, se produce una entrada masiva de Na^+ y se inicia un potencial de acción, transmitido a la primera neurona de la cadena nerviosa (normalmente una neurona bipolar), para pasar de allí a una neurona ganglionar, que realiza sinapsis directa en el cuerpo geniculado lateral para viajar desde allí a la corteza visual.

e) **Visión de los colores.** La realizan los conos. El grupo prostético que desencadena todo el proceso es el mismo que en los conos (el 11-cis-retinal), y el mecanismo químico es idéntico. Lo que varía es la proteína que rodea al grupo prostético. Se trata de diferentes variantes de la rodopsina que filtran únicamente una franja de la radiación visible. En concreto, existen conos que captan el azul, el verde o el amarillo. El resto de colores se reconstruyen a nivel cerebral mediante combinación de estos colores básicos (teoría tricromática de la visión, de Yung y Helmholtz).

2. LA AUDICIÓN

Siguiendo el estilo del apartado anterior, expresaré la anatomía y fisiología de la audición en **cinco ideas principales**:

a) **Localización.** Se trata de un órgano, repetido a izquierda y derecha, introducido en una cavidad del hueso temporal. De fuera a dentro, distinguimos tres zonas: oído externo, medio e interno.

b) El **oído externo** se compone de la oreja (formada por tejido cartilaginoso recubierto de conjuntivo y piel) y el conducto auditivo externo (de ~2-3cm, tapizado de pelos y glándulas ceruminosas, que reducen la entrada de partículas). Finaliza en la pared del tímpano una estructura membranosa clave en la transmisión de las vibraciones al oído interno.

c) El **oído medio** contiene 3 huesos (martillo, yunque y estribo) y 2 músculos (el tensor del tímpano y el estapedio). Esta cavidad conecta con la faringe por la trompa de Eustaquio (un tubo de ~3.5-4 cm cuya función es equilibrar la presión a ambos lados del tímpano y evitar cambios bruscos de presión en el oído medio, que podrían dañar su delicada estructura). El oído medio contacta con el interno a través de dos membranas: la ventana oval y la ventana redonda.

d) El **oído interno** se abre en una serie de cavidades tortuosas en el hueso temporal denominadas laberinto óseo. Esta estructura está tapizada interiormente por otra de consistencia más blanda denominada laberinto membranoso, en el interior de la cual encontramos un líquido llamado endolinfa. Entre el laberinto membranoso y el óseo se sitúa otro líquido denominado perilinfa. En estas estructuras tortuosas podemos distinguir tres zonas anatómicamente muy diversas: vestíbulo, conductos semicirculares y caracol (o cóclea).

    a. El vestíbulo se subdivide en dos cavidades: el utrículo (del que surgen los conductos semicirculares) y el sáculo (del que nace el caracol).

    b. Los conductos semicirculares son 3 tubos de la forma que indica el nombre, interconectados entre sí y orientados aproximadamente según las tres direcciones del espacio. En concreto, hay dos canales verticales (anterior y posterior) que forman un ángulo de ~100° entre sí, y un canal horizontal que forma ángulos de ~110° (con el anterior) y ~95° (con el posterior). Variaciones interindividuales de 10-15° son normales. La zona de convergencia de los tres canales se denomina ampolla, y en ella se alberga una estructura, envuelta en una matriz gelatinosa, denominada cúpula, compuesta de células ciliadas, que se encarga de la propriocepción.

    c. La cóclea es la estructura encargada de la audición. Su componente principal es el órgano de Corti (descrito en 1851 tras las observaciones microscópicas del italiano Alfonso Corti). Se trata de un conjunto de ~15000-20000 células nerviosas asociadas, cada una, a una célula pilosa. La vibración de cada pelo apical se traduce en la apertura de canales iónicos y la creación de un potencial de acción transmisible al sistema nervioso. Además, la cóclea está formada por tres cámaras longitudinales llenas de fluidos: la rampa timpánica y la rampa vestibular (que contienen perilinfa), y la rampa media (llena de endolinfa). La rampa timpánica y la vestibular se comunican en el vértice de la "concha del caracol" (helicotrema). Las tres cámaras están separadas por dos membranas: la membrana de Reissner, entre la rampa vestibular y la rampa media; y la membrana basilar, entre la rampa media y la rampa timpánica. Sobre la membrana basilar descansa el ya citado órgano de Corti.

e) **Fisiología de la audición**. El sonido llega al oído, atraviesa el canal auditivo externo y hace vibrar el tímpano. Las vibraciones se transmiten como energía mecánica a través de los huesecillos hacia la ventana oval. Desde allí, se transmite el impulso a los líquidos del oído interno y, en concreto en la cóclea, se convierte en una serie de potenciales de acción que son enviados al cerebro. Me detendré a comentar algunos detalles del proceso...

a. ... la oreja y el canal auditivo externo tienen un efecto amplificador de la señal sonora. En concreto, para frecuencias entre 1500 y 7000 Hz, el efecto amplificador es de unos 5 a 20 dB, dependiendo de las personas. Es curioso observar como la amplificación eficiente del sonido se centra en aquel rango de frecuencias más frecuentes en el discurso hablado (evitando una sensibilidad excesiva a sonidos muy agudos o muy graves)

b. ... este efecto amplificador se continúa en el oído medio. Las vibraciones timpánicas se transmiten a una superficie mucho menor, como es la sección de los huesecillos, que permite que los impactos en la membrana oval sean mucho más intensos que si se percibieran directamente las vibraciones del tímpano

c. ... los músculos tensor del tímpano y el estapedio, con su contracción, reducen en ocasiones la movilidad de la cadena de huesecillos. No se sabe bien si este mecanismo es un acto de defensa del oído ante sonidos de elevada densidad o una estrategia para discriminar mejor entre frecuencias altas

> El sistema auditivo puede **identificar la distancia a la que se halla la fuente sonora.** Esto es debido en parte a que, durante la propagación del sonido, las frecuencias elevadas son amortiguadas en mayor proporción que las bajas. Cuanto más largo es el trayecto que recorre el sonido, menor es la contribución de las frecuencias altas en el momento en que llegan.

d. ... ¿qué ocurre, en detalle, en la cóclea? Las vibraciones de la ventana oval mueven la perilinfa de la rampa vestibular. Este movimiento hace vibrar la endolinfa en la escala media, la perilinfa en la escala timpánica, la membrana basilar y el órgano de Corti, provocando el movimiento de la zona apical de las células pilosas. Las células pilosas están ajustadas para responder a ciertas frecuencias, siendo más sensibles a altas frecuencias cerca de la membrana oval y a bajas en la zona más distal. Las células pilosas, en el órgano de Corti, están dispuestas en 4 filas (3 filas de células externas y 1 fila de células internas). La fila de células internas es la que emite la mayor cantidad de impulsos nerviosos

e. ... ¿cómo se transmite el impulso al cerebro? Las fibras aferentes del nervio auditivo (ramificación del nervio vestibulococlear, VIII par craneal) recogen los impulsos cocleares y llegan a los núcleos cocleares dorsal y ventral. De allí viajan a los núcleos de la oliva superior (en el tronco del encéfalo), y posteriormente, a través del lemnisco lateral, a los tubérculos cuadrigéminos. De allí, secuencialmente, al núcleo geniculado medial (en el tálamo) y al córtex auditivo (áreas 41 y 42 de Broadman)

3. EL EQUILIBRIO

La percepción de la posición corporal tiene una localización anatómica básica en el oído interno. En concreto, en el sistema vestibular (utrículo y sáculo) y los canales semicirculares. Anatómicamente, me he referido a ellos en el apartado anterior.

El utrículo está orientado en el plano horizontal y el sáculo en el plano vertical. Ambos están rellenos de endolinfa. Su pared está tapizada por placas de células ciliadas, denominadas máculas. En el interior de ambas cavidades encontramos unas partículas sólidas de carbonato cálcico (otolitos), cuyo movimiento desplaza los cilios. En cada célula ciliada, hay un cilio más grande, denominado cinocilio, y otros más pequeños, los estereocilios. Cuando estos se desplazan hacia el cinocilio, se produce una despolarización que desencadena un potencial de acción que se transmite hacia la corteza cerebral.

Mediante un mecanismo muy similar, los otolitos presentes en los canales semicirculares provocan la estimulación de las células ciliadas y la generación de un impulso nervioso. La integración de las señales de cada canal informa sobre la posición de la cabeza y permite, mediante acciones moduladas principalmente a nivel del cerebelo, corregir la posición en vistas a un mantenimiento del equilibrio.

4. EL OLFATO

El mecanismo que dispara la señal sensorial olfativa es la interacción específica de una sustancia química con un receptor proteico de las células del epitelio olfatorio.

Los científicos estadounidenses **Richard Axel**, del Instituto Médico Howard Hughes de la Universidad de Columbia, en Nueva York, y **Linda Buck**, del Centro de Cáncer Fred Hutchinson en Seattle, fueron galardonados con el Premio Nobel de Medicina de 2004 por el descubrimiento de muchos de estos receptores y por la descripción general del sistema olfativo. Sus estudios revelan la existencia de unos 1.000 genes que codifican para receptores olfativos, capaces de reconocer ~10.000 sustancias odoríferas.

En su trabajo principal, publicado en 1991, describían una extensa familia de miles de genes de los receptores olfativos, indicando que el 3% de los genes humanos codifican los diferentes receptores olfativos. Evidentemente, estos datos son muy aproximados, aún más si consideramos datos del mapa del genoma humano, que ha sido trazado en los años siguientes. Lo que sí parece bastante claro, y se indicaba ya en sus trabajos, es que cada célula olfativa está especializada en identificar un número concreto de olores, cuya señal envían directamente al cerebro. De hecho, las células olfativas (neuronas modificadas) son parte del cerebro.

El epitelio olfatorio tiene un área total de ~5 cm^2 y se sitúa en la zona superior de las fosas nasales, tapizando la cara inferior de la placa cribosa y extendiéndose por el cornete nasal superior y la parte superior del cornete nasal medio. En este epitelio podemos distinguir tres tipos celulares:

- receptores olfatorios (los que reciben y transmiten la señal olfativa)

- células sustentaculares (sirven para aislar eléctricamente unos receptores de otros, además de brindar soporte mecánico)

- células madre basales (reponen los receptores una vez que degeneran. Normalmente la vida media de un receptor es de un mes, momento en el que es reemplazado. Este proceso de reemplazo de receptores (neuronas) es uno de los pocos mecanismos de recambio neuronal que existen en el sistema nervioso)

En el epitelio encontramos también unas estructuras glandulares (glándulas de Bowman) encargadas de fabricar moco, que ayuda a disolver las sustancias odoríferas.

La llegada de la sustancia odorífera produce la señal eléctrica, originada por la apertura de canales de Na$^+$ en la membrana, que se transmiten a lo largo del axón (generalmente amielínico) del receptor olfatorio. Cruza la placa cribosa del etmoides (por uno de los ~20 orificios que lo permiten). Todos los nervios que surgen del epitelio olfatorio de este modo se denominan, en conjunto, nervio olfatorio (par craneal I) y acaban en dos masas de materia gris, los bulbos olfatorios, ubicados bajo la corteza frontal.

5. EL GUSTO

La fisiología es similar a la del sentido del olfato, pero presenta básicamente dos diferencias:

- las sustancias detectadas presentan mucha menor variedad (sólo existen cuatro sensaciones gustativas básicas: dulce, agrio, salado y amargo. El resto de sabores son combinación de estas)

- las sustancias han de estar forzosamente disueltas para ser detectadas

El número de receptores gustativos disminuye con la edad y es máximo (~10000) en adultos jóvenes. Se distribuyen mayoritariamente en la lengua, aunque también podemos encontrarlos en la laringe, faringe y paladar blando. Los receptores se encuentran en unas estructuras especializadas denominadas botones gustativos. Cada uno consta (análogamente al epitelio olfatorio) de células receptoras (en este caso no son neuronas, y se renuevan cada 10 días), sustentaculares y basales. De cada célula receptora (normalmente están dispuestas en grupos compactos de ~50) sale un único cilio (pestaña gustativa) a través de la obertura del botón gustativo (poro gustativo). Los botones gustativos se agrupan formando prominencias de la lengua (papilas gustativas).

En la zona posterior de la lengua, encontramos una agrupación de papilas redondas (papilas circunvaladas) en forma de V invertida. Las papilas fungiformes y filiformes (con forma de hongo o extensión delgada) se distribuyen uniformemente por la superficie de la lengua.

Una misma célula receptora puede responder a dos o más sensaciones gustativas primarias. No obstante, los receptores de algunas zonas son más sensibles a alguna en concreto. Así pues, el gusto dulce y salado se detecta mejor en la punta de la lengua, el amargo en la zona posterior y el agrio en los laterales.

La recepción de la sustancia química disuelta, estimula un potencial de acción en el receptor, que desencadena la exocitosis de un neurotransmisor en la zona basal. Ello estimula a las primeras neuronas de la vía sensorial, que envían sus impulsos a varios nervios craneales, dependiendo de su posición en la lengua...

- ... nervio facial (VII) recibe neuronas de los 2/3 anteriores
- ... nervio glosofaríngeo (IX) recibe neuronas del tercio posterior
- ... por otras vías suben los impulsos procedentes de faringe, laringe y paladar

Estos nervios van al bulbo raquídeo y, desde él, hacia el sistema límbico, o bien al hipotálamo y, de allí,2 al tálamo y al área gustativa primaria de la corteza (área 43 de Broadman).

6. TACTO, TEMPERATURA Y DOLOR

Cualidades como la presión, temperatura, aspereza, suavidad, dureza,... son detectadas por nuestro sistema sensorial bajo una misma categoría de sensaciones, detectadas por receptores muy similares, que se engloban dentro del sentido del tacto.

El órgano principal que alberga estos receptores y que consideramos el órgano del tacto es la piel. En ella encontramos los siguientes receptores...

Corpúsculos de Meissner: Son receptores especializados en el tacto discriminativo (por ejemplo, lectura Braille, determinación de texturas, estimulación sexual,...) Se encuentran en áreas sensibles como labios, yemas de dedos, pezones, palma de mano y especialmente en zonas donde no hay pelo. Fueron descubiertos por Georg Meissner (médico alemán) a mediados del siglo XIX. Cada corpúsculo consiste en una masa de dendritas en forma de huevo, rodeada por tejido conjuntivo. Son receptores de adaptación rápida, por lo que actúan al principio de la sensación táctil.

Plexos de la raíz del pelo: son también receptores táctiles de adaptación rápida. Consisten en terminaciones nerviosas que rodean los folículos pilosos. Detectan movimientos muy finos de vibración de los pelos externos.

Discos de Merkel: También son receptores del tacto discriminativo. Se trata de terminaciones nerviosas libres aplanadas. Abundan en la yema de los dedos, labios y órganos genitales externos.

Corpúsculos de Ruffini: se trata de receptores alargados y encapsulados ubicados en zonas profundas de la dermis, además de en tendones y ligamentos. Son receptores sensibles al estiramiento.

Corpúsculos de Pacini: detectan la presión. Son acumulaciones concéntricas de capas de tejido conjuntivo con una forma global ovalada. Son receptores de adaptación rápida, por lo que actúan sólo al principio del estímulo. Estos receptores fueron descubiertos por Abraham Vater en 1741, que los denominó *Nervae Papilae*, aunque no fue difundido su hallazgo hasta 1831, año en que Filipo Pacini los redescubrió.

Los receptores témicos que encontramos en el cuerpo humano pueden ser de dos tipos: sensibles al frío (constituidos por terminaciones nerviosas mielínicas, localizadas en el estrato basal de la epidermis) o sensibles al calor (compuestos por terminaciones nerviosas amielínicas, se sitúan en la dermis). Ambos tipos de receptores se adaptan al estímulo muy rápidamente. Además de estos receptores, en cuanto a la percepción del frío, encontramos los corpúsculos de Krause, presentes en la superficie de la dermis, especialmente en la lengua y los órganos sexuales. Son dendritas ramificadas y encapsulasdas en una cavidad con forma de bulbo.

La nocicepción (percepción del dolor) en el cuerpo humano se debe a terminaciones nerviosas libres ubicadas en todos los tejidos (excepto en el encéfalo) denominadas nociceptores.

7. HÁBITOS SALUDABLES

Podría enumerarse una lista mucho más larga de "buenas costumbres" en relación a la fisiología sensorial humana. Citaré muy brevemente algunas de ellas.

- Protección ocular mediante filtros solares
- Revisiones optométricas periódicas
- Evitar el uso de lentes en defectos optométricos reversibles mediante terapia visual
- Higiene ocular para reducir el riesgo de infecciones oculares
- Guardar la distancia de enfoque adecuada al realizar tareas en visión próxima
- Emplear la iluminación correcta para la tarea a realizar
- Evitar ruidos intensos que pueden reducir la capacidad discriminatoria del sistema auditivo
- Uso de mascarilla si se va a trabajar con productos irritantes de la mucosa olfativa

8. PRINCIPALES ENFERMEDADES

Relacionadas con la **visión** encontramos...

- Infecciones oculares (conjuntivitis, blefaritis,...) causadas generalmente por bacterias de la flora habitual de la piel. Estas patologías pueden ser provocadas por contagio o por una mala higiene. En ocasiones, pueden desarrollarse iriditis como consecuencia de intervenciones quirúrgicas.

- Defectos refractivos. Se trata de estados fisiológicos variables y no propiamente de patologías. Distinguimos:
  o Miopía: exceso de poder refractivo del ojo.
  o Hipermetropía: déficit del poder refractivo ocular.
  o Astigmatismo: variación del poder dióptrico del ojo en diferentes meridianos de este, generalmente perpendiculares.

- Desprendimiento de retina. Separación de la retina en algún punto de su extensión con la consecuente pérdida de visión en el área correspondiente.

- Cataratas. Opacificación del cristalino, variable en función del grado de opacidad y localización, con la consecuente pérdida de visión por la interrupción del paso de la luz hacia la retina. Las cataratas constituyen la causa principal de ceguera en los países en vías de desarrollo.

- Glaucoma. Patología que origina, en un alto porcentaje de población, ceguera irreversible por pérdida de campo visual debido a un aumento de la presión intraocular.

- Degeneración macular asociada a la edad. Deterioro de la retina central con lesiones características, que actualmente es la principal causa de ceguera en mayores de 65 años en los países desarrollados.

Relacionadas con el **oído** encontramos las siguientes

- Hipoacusia. Se denomina así una pérdida de la capacidad auditiva, que llega a su grado máximo con la sordera. Puede deberse a una llegada defectuosa de las ondas hasta el órgano de Corti (hipoacusia de conducción) o a un defecto en la corteza cerebral auditiva o el nervio auditivo (hipoacusia nerviosa)

- Infecciones (otitis). La vía más frecuente de contagio es a través de la trompa de Eustaquio. Estas infecciones pueden complicarse y llegar a estados de parálisis facial, meningitis,...

- Otospongiosis. Se trata de una pérdida de movilidad de la cadena de huesecillos, principalmente en su conexión con la ventana oval. Produce sordera que puede corregirse mediante prótesis.

Como patologías del **olfato** distinguimos la anosmia (perdida de la capacidad olfativa causada por lesiones, tumores o infecciones cerebrales que afecten al bulbo olfatorio), la cacosmia (percepción errónea de malos olores imaginarios),...

No hablaré de patologías concretas del sentido del **gusto**, por ser muy extrañas. No obstante, haré una breve referencia terminológica. Nos referimos con el término ageusia a la pérdida total de la capacidad gustativa y con el término disgeusia a cualquier alteración de este sentido

En cuanto al sentido del **tacto** denominamos hipoestesia a cualquier reducción de la sensibilidad. Otras situaciones de anormalidad son la parestesia (sensación continua de hormigueo), la disestesia (percepción de dolor sin causa real) y la analgesia (disminución de la sensibilidad al dolor).

9. CONCLUSIÓN

Variaciones en la cantidad de fotones (intensidad), en su frecuencia ondulatoria (color), la vibración de las partículas del aire (sonido), la presión de un objeto en contacto con la piel (barorrecepción), sus posibles efectos dañinos (dolor), la energía cinética que transmite a las partículas superficiales de nuestro cuerpo (temperatura), la presencia de sustancias químicas detectadas específicamente (gusto, olfato),... se trata de un análisis muy detallado del mundo exterior. No obstante, continúa siendo un análisis parcial. En este conjunto de estructuras y procesos, que he tratado de exponer ordenadamente, se basa la función de relación en las personas. Muchas gracias por su atención.

Bibliografía útil:

GUYTON, A.C. y HALL, J.E. (2003) "Tratado de fisiología médica", 10°ed, Ed. McGraw-Hill

TORTORA, G.J. y GRABOWSKY, S.R. (2005) "Principios de anatomía y fisiología", 9°ed, Ed. Oxford.

THIBODEAU, G.A. y PATTON, K.T. (2007) "Anatomía y fisiología", 4°ed, Ed. Interamericana-McGraw-Hill

TEMA 58

ANATOMÍA Y FISIOLOGÍA DEL SISTEMA ENDOCRINO. REGULACIÓN NEUROENDOCRINA. PRINCIPALES ENFERMEDADES.

0. INTRODUCCIÓN

En el desarrollo del cuerpo humano aparecen una serie de órganos capaces de fabricar sustancias químicas que, presentes en muy bajas concentraciones en sangre, son capaces de provocar respuestas concertadas en puntos muy alejados del organismo en orden a un fin similar. Su mecanismo se basa en la interacción específica con receptores proteicos que ya existen en las células diana. Estos compuestos se denominan hormonas y al conjunto de órganos que gestionan su fabricación se le conoce con el nombre de sistema endocrino. A su descripción dedicaré este tema, que tendrá el siguiente orden (es muy conveniente exponer con claridad, aquí al principio, el orden que se va a seguir, leer el índice de una forma ágil)

1. ¿QUÉ ES Y CÓMO ACTÚA UNA HORMONA?

Una **hormona** es una **sustancia química**, presente en muy **pequeña concentración** (normalmente nanomolar) en el **fluido sanguíneo**, **producida por** un conjunto de células especializado (**glándula**) y que **ejerce su función en lugares muy distantes de la fuente de emisión** basándose en una **interacción molecular específica** con un tipo concreto de receptor.

En el cuerpo humano existen numerosas glándulas endocrinas zonas encargadas de la fabricación química de hormonas y de su vertido al torrente sanguíneo. La tasa de fabricación de la hormona es regulable en respuesta a diversos factores. Por ejemplo, veremos que la aldosterona aumenta la presión arterial. La tensión baja es detectada por unas células especiales del riñón, que fabrican renina, y ésta llega por vía sanguínea a la corteza suprarrenal y provoca el aumento de la velocidad de síntesis de aldosterona. La aldosterona viaja, siempre por vía sanguínea, a los túbulos del riñón y allí potencia la reabsorción de agua, aumentando el volumen sanguíneo y, consecuentemente, la presión arterial.

Los mecanismos endocrinos tienen siempre este aspecto de cadena de factores activadores y activados, efectos señalizadores y efectos conseguidos,... Antes de describir en concreto los principales mecanismos de este tipo que modulan afectan a la fisiología humana, es conveniente plantearnos una pregunta: **"Cuando una hormona llega a su destino, ¿cómo (desde el punto de vista molecular) es capaz de transmitir su mensaje?"**.

Los procedimientos pueden llegar a ser muy complejos, pero todos comparten una estructura básica:

- se produce la unión de la hormona a un receptor de membrana

- este receptor realiza una acción a nivel local, con la que consigue aumentar la concentración de un mensajero intracelular. Algunos ejemplos de mensajeros son...
   o AMP$_{cíclico}$
   o Inositol trifosfato (IP$_3$)
   o Diacilglicerol
   o ...

- este mensajero activa una ruta de transducción de la señal, que puede tener efectos simplemente en citoplasma o, la mayoría de las veces, a nivel nuclear (modificando tasas de expresión génica). Estas rutas son numerosísimas. Algunos ejemplos...
   o MAP quinasas
   o Vía de Raf
   o Vía de proteínas Hsp
   o ...

- finalmente, en la mayoría de ocasiones, como he comentado, se llega a la activación de ciertas proteínas denominadas receptores nucleares (hay de varios tipos: SMAD, receptores de ácido retinoico,...), cuya unión al ADN modula la tasa de transcripción de ciertos genes.

Las modernas tecnologías de los DNA-biochips permiten analizar la modificación del nivel de expresión de varios genes (~200000 a la vez!!) en respuesta a una hormona determinada. De esta forma, puede discretizarse mejor la acción de estas sustancias, pudiendo observar cómo algunos procesos, que hasta ahora no tenemos catalogados como "activados por adrenalina" o "inhibidos por aldosterona", tienen lugar. En resumen, las nuevas tecnologías de lectura de los niveles de expresión génica a nivel genómico mostrarán aún una mayor complejidad en las vías que son activadas/inhibidas por cada hormona en particular.

2. REGULACIÓN NEUROENDOCRINA

En este apartado, trataré de comentar la conexión entre las informaciones emitidas por el sistema nervioso y el funcionamiento del sistema endocrino. Aunque existen conexiones diversas, como por ejemplo las fibras del sistema nervioso autónomo que inervan la corteza suprarrenal, la principal forma de regulación neuroendocrina es el eje hipotalámico-hipofisiario.

Determinadas neuronas del hipotálamo realizan una secreción sostenida de ciertos compuestos químicos, que son enviados a la hipófisis, donde se incorporan directamente a la sangre, o bien estimulan la liberación de algunas hormonas desde esta glándula. La liberación de estos factores hipotalámicos difiere de lo que ocurriría en una hendidura sináptica, ya que el potencial de acción dura unas 10 veces más y permite que la liberación se prolongue en el tiempo.

Distinguimos dos zonas principales en la hipófisis: la **hipófisis posterior** (o neurohipófisis) que segrega directamente a sangre las hormonas que recibe de hipotálamo) y la **hipófisis anterior** (que recibe factores hipotalámicos y , en respuesta a ellos, libera hormonas de fabricación propia).

En humanos, puede distinguirse una fina capa de células entre hipófisis anterior/posterior. Se trata del **lóbulo intermedio**. Esta parte (con mucha frecuencia asociada, incorrectamente, a la hipófisis anterior) fabrica un grupo de hormonas peptídicas denominadas Hormonas estimuladoras de los melanocitos (MSH, en inglés). Su efecto principal es el aumento del tono moreno de la piel, y sus niveles se incrementan, por ejemplo durante el embarazo.

La **neurohipófisis** recibe prolongaciones nerviosas desde los núcleos supraóptico y paraventricular del hipotálamo, que le suministran principalmente dos hormonas de naturaleza peptídica...

-   ADH (**hormona antidiurética** o vasopresina): La fabrican las neuronas del núcleo supraóptico. Sus órganos diana principales son los riñones. En ellos estimula la reabsorción de agua, pero no la reabsorción de sales.

3

Con ello se produce una concentración de la orina y un mantenimiento de las reservas hídricas del cuerpo y una disminución de la osmolaridad. Otro efecto de la vasopresina es una ligera vasoconstricción, que aumenta la presión sanguínea.

- o ¿Cómo se regulan los niveles de vasopresina? Aumentan los niveles si los baroreceptores de los senos carotídeos y aórticos detectan baja presión, si los osmorreceptores del hipotálamo detectan elevada osmolaridad o si suben los niveles de angiotensina II en sangre. El etanol reduce la secreción de vasopresina.

- **Oxitocina**: Fabricada por las neuronas del núcleo paraventricular del hipotálamo. En mujeres, los niveles de esta hormona aumentan durante el ensanchamiento de cérvix y vagina en el parto, favoreciendo la intensidad de las contracciones uterinas. La estimulación mecánica de los pezones por el lactante también aumenta la tasa de secreción de oxitocina. También se han detectado aumentos durante el orgasmo en ambos sexos. Finalmente, parece que su acción a nivel del SNC juega un papel en la regulación de la homeostasis de los ciclos circadianos (relacionados con las variaciones diarias de temperatura corporal, de la actividad en general,...).

Anatómicamente, en la **adenohipófisis** pueden distinguirse las siguientes zonas: pars distalis, pars tuberalis y pars intermedia. Bajo la influencia de una serie de factores hipotalámicos, este órgano libera las siguientes hormonas, que tienen las acciones que indico...

- Tirotropina → se dirige a la glándula tiroides y estimula la síntesis de hormonas tiroideas

- ACTH (hormona adrenocorticotropa) → actúa sobre las células de la corteza suprarrenal, estimulando la fabricación de glucocorticoides

- Hormona estimulante del folículo (FSH) → actúa sobre ovarios y testículos teniendo varios efectos. En mujeres, dispara la maduración de los folículos de De Graaf. A medida que maduran, éstos liberan inhibina, que ejerce un *feed-back* negativo sobre la síntesis de FSH. En varones, la FSH estimula la producción de la proteína receptora de andrógenos, por parte de las células de Sertoli, que resulta clave en la espermatogénesis

- Hormona del crecimiento → se trata de un polipéptido de 191 aa's, que provoca una serie de efectos de carácter anabólico, que resumo a continuación...

    - o Estimula la división de condrocitos
    - o Estimula el crecimiento en longitud de la epífisis de los huesos largos

- o Estimula la síntesis hepática del IGF-1 (insulin-like growth factor, también llamado somatomedina C) que favorece la división de osteoblastos y condrocitos
- o Aumenta la retención de calcio, favoreciendo su fijación ósea
- o Estimula el crecimiento de masa muscular mediante el división de células musculares
- o Promueve la gluconeogénesis y disminuye la captación hepática de glucosa, con lo que sube la glucemia
- o Promueve la lipólisis (con la consiguiente reducción de tejido adiposo)
- o Estimula la síntesis proteica en general, favoreciendo el crecimiento en tamaño de muchos órganos

- Hormona luteinizante → en mujeres, un pico de esta hormona dispara la ovulación. En varones, esta hormona se suele denominar Hormona estimuladora de las células intersticiales (ICSH), estimula la fabricación de testosterona por las células de Leydig.

- Prolactina → los estimulos de succión del lactante favorecen su síntesis en la adenohipófisis. Esta hormona estimula la tasa de producción de leche materna (lactogénesis).

La tasa de síntesis/liberación de cada una de estas hormonas viene modulada por factores provenientes del hipotálamo, cuyo nombre se asocia muy intuitivamente con la hormona cuya síntesis estimulan: tiroliberina, corticoliberina, prolactostatina, somatostatina (estimula GH), gonadoliberina (FSH,LH).

3. LA GLÁNDULA TIROIDES

Es una glándula que presenta una estructura bilobulada, pesa ~30g, y se ubica en la parte anterior del cuello, bajo la laringe. Recibe un enorme flujo sanguíneo (~0.1 l/min) si consideramos su pequeño tamaño. Presenta multitud de estructuras lobulares (de entre 50-500 μm de diámetro) cuyas células sintetizan hormonas T3 y T4. Externamente a los folículos tenemos las células parafoliculares, que fabrican calcitonina.

Para que se fabriquen las hormonas T_3 y T_4 es necesaria cierta concentración de yodo en sangre, el estímulo de la tirotropina comentada anteriormente, y una proteína de 66 KDa denominada tiroglobulina. Aproximadamente el 10% de los 110 aa's de tirosina que tiene esta proteína, son iodados. Posteriormente, se combinan estos residuos y, mediante proteólisis, se forman las hormonas T_3 y (dos anillos derivados de la tirosina, con 3 átomos de I) y la T_4 (con 4 átomos de I).

Las hormonas fabricadas por la tiroides pueden permanecer hasta ~100 días almacenadas en la glándula, aunque su liberación puede también ser inmediata. De todas formas, es una glándula que suele tener reservas.

Las hormonas T3 y T4 viajan en sangre unidas a la globulina unidora de tiroxina, la albúmina o la transtiretina (TTR).

Estas hormonas, al llegar a sus células diana, atraviesan la membrana plasmática y se dirigen al núcleo. Allí se unirán a unos receptores, que pueden ser de cuatro tipos (α_1, α_2, β_1 y β_2). Éstos, bien en parejas o uniéndose al receptor de ácido retinoico, actúan como factores de transcripción.

Recientemente, se han descrito transportadores para T3 y T4, específicos para atravesar la barrera hematoencefálica. Esto resalta una vez más la importancia de estas hormonas a nivel del SNC. En todo el cuerpo en general, podría hablarse de los siguientes efectos de las hormonas T3 y T4. (Se resumen en un aumento global de la tasa metabólica)...

- Incrementa el gasto de ATP (por ejemplo, aumenta la síntesis de bombas ATPasas Na^+/K^+)
- Incrementa la lipólisis y excreción de colesterol por vía biliar
- Incrementa la presión sanguínea, frecuencia cardiaca e intensidad de latido
- Incrementa el metabolismo glucídico

En cuanto a la regulación, comentaré que la síntesis de T3 y T4 viene frenada por concentraciones elevadas de yodo en sangre y estimulada por la TSH (que entra en juego normalmente ante tasas metabólicas bajas o baja concentración previa de T3/T4).

La glándula tiroides fabrica también calcitonina, hormona que inhibe la resorción ósea y estimula su captación de calcio. En definitiva, disminuye los niveles sanguíneos de este catión y del fosfato que lo acompaña en la matriz ósea. Podría hablarse de cierto antagonismo con la función de la parathormona, que veremos justo en el siguiente apartado.

4. PARATIROIDES

Se trata de pequeñas masas, generalmente cuatro, de tejido asociadas a la cara posterior de los lóbulos de la tiroides. Se descubrieron gracias a un estudiante de medicina sueco (Ivar Sandstrom, 1880), y se considera el último de los órganos principales del cuerpo humano que se ha descrito.

Fabrica la parathormona, pequeño polipéptido de 84 aa's, que tiene los siguientes efectos...

- Estimula la liberación de calcio y fosfato del hueso
- Estimula la reabsorción renal de calcio y magnesio
- Inhibe la reabsorción renal de fosfato (con lo que aumenta este anión en orina)
- Estimula la síntesis de calcitriol (vitamina D3) a nivel renal. Esta molécula potencia, a su vez, la absorción intestinal de calcio, magnesio y fosfato.

En resumen, la parathormona, aumenta los niveles plasmáticos de calcio y magnesio, haciendo disminuir los de fosfato. La regulación de su velocidad de síntesis se guía por las concentraciones plasmáticas de calcio.

5. GLÁNDULAS SUPRARRENALES

Se trata de unas masas de forma piramidal, que cabrían en un prisma de 5x3x1 cm, que pesan entre 3.5 y 5 g, y que se encuentran en el plano superior de cada riñón.

Presentan dos regiones…

- La corteza suprarrenal, de origen mesodérmico, que constituye el 80% en peso y que tiene tres zonas (son las siguientes, de fuera hacia dentro)
  o Zona glomerular → fabrica mineralocorticoides
  o Zona fasciculada → fabrica glucocorticoides
  o Zona reticular → fabrica andrógenos

- La médula suprarrenal, de origen ectodérmico, que constituye el 20% restante, y que fabrica adrenalina y noradrenalina. Realmente, según su desarrollo embrionario, las células cromafines (que fabrican estas hormonas) son verdaderas neuronas postganglionares simpáticas especializadas en secreción hormonal, y están directamente unidas a neuronas simpáticas preganglionares, que modulan su actividad.

Expondré a continuación, una vez que ya conocemos los lugares de síntesis de cada tipo de hormonas, las principales acciones de las mismas.

5.1. Mineralocorticoides

Regula la homeostasis de agua y electrolitos, especialmente de Na^+ y K^+.

La hormona más importante e la aldosterona, que estimula la reabsorción renal de sodio, cloruro, bicarbonato y agua, así como la screción de potasio y protones (disminuyendo, en este último caso, el pH de la orina).

¿Cómo se dispara la secreción de aldosterona? Funciona al dictado del sistema regulador renina-angiotensina. Un descenso del volumen sanguíneo, o del nivel de cationes sodio, conlleva un aumento de la presión arterial, que estimula la secreción de renina por las células yuxtaglomerulares del riñón. Las concentraciones elevadas de renina en sangre, estimulan el paso de angitensinógeno a angiotensina-I. Ésta es convertida a angiotensina-II por acción de la convertasa, una enzima sanguínea.

La angiotensina-II tiene dos acciones principales…

- estimula vasoconstricción → aumenta presión arterial

- estimula, en la zona glomerular de la corteza suprarrenal, la síntesis de aldosterona. Este último estímulo también sucede, a veces, sin participación del sistema renina-angiotensina (por un simple aumento de la concentración de potasio en sangre)

> Muy recientemente (2007), algunas revistas de medicina interna alertan sobre la aparición de tumores asociados a los estados de inmunosupresión que acompañan a un trasplante. En concreto, se trata de la aparición de algunos tumores secundarios tras trasplantes de riñón.

5.2. Glucocorticoides

La hormona más importante de este grupo es el cortisol.

Podemos señalar dos efectos globales de esta hormona...

- preparar al cuerpo para una situación de estrés, que cursa mediante los siguientes efectos concretos...

  o aumentar la proteólisis muscular, con lo que sube la concentración de aa's en sangre, que pueden emplearse en...
    - gluconeogénesis hepática → sube la glucemia
    - síntesis de proteínas metabólicas (también en hígado)
    - consumo de aa's para obtener energía

  o aumentar la tasa de lipólisis, con lo que incrementa la concentración de ácidos grasos en sangre

  o aumentar la sensibilidad de los vasos sanguíneos a algunos agentes vasoconstrictores, lo que aumentará la presión sanguínea

- tiene un efecto antiinflamatorio e inmunosupresor. Por ello, se emplea en el tratamiento prolongado de enfermedades crónicas, como por ejemplo, la artritis reumatoide, así como para inmunodeprimir el cuerpo en circunstancias especiales, como en un trasplante de órganos

La regulación de la síntesis de glucocorticoides se realiza mediante el eje hipotálamo-hipofisiario.

5.3. Andrógenos

Entre los andrógenos fabricados por las células de la zona reticular encontramos testosterona, dihidrotestosterona (DHT), androstendiona y dehidroepiandrosterona (DHEA). Estas hormonas, en varones, aumentan la masa muscular, estimulan el crecimiento celular, y ayudan al desarrollo de los caracteres sexuales secundarios. No obstante, las provenientes de corteza suprerrenal son sólo un suplemento muy escaso comparado con las cantidades fabricadas a nivel testicular.

En mujeres, en cambio, esta dosis de andrógenos, que es la única, manifiesta un papel muy interesante en la estimulación del apetito sexual, el crecimiento del vello púbico,...

5.4. Adrenalina y noradrenalina

Sus acciones son idénticas a las que se han marcado en el tema 56 para el sistema nervioso simpático.

6. PÁNCREAS

Es una glándula de morfología cónica aplanada, que cabría en un prisma de ~20x4x2.5 cm, y que pesa unos 70g.

Podemos distinguir, anatómicamente, diversas zonas. Externamente...

- cabeza, dentro de la curvatura duodenal, medial y superior

- proceso unciforme, tras los vasos mesentéricos superiores, medial e inferior

- cuello, anterior a los vasos mesentéricos superiores. Tras él se crea la vena porta.

- cuerpo, en la zona posterior al estómago hacia la derecha y ascendiendo ligeramente.

- cola, pasa entre las capas del ligamento esplenorenal, con lo que una pequeña porción del páncreas es intraperitoneal

Internamente...

- conducto pancreático, se inicia en la cola dirigiéndose a la derecha por el cuerpo. En la cabeza cambia de dirección hacia abajo. En la porción inferior de la cabeza se une al *conducto colédoco* generando la ampolla de Vater, que vierte su contenido en el duodeno

- el conducto pancreático accesorio, que se forma de dos ramas, la 1ª proveniente de la porción descendente del conducto principal y la 2ª del proceso unciforme

El páncreas está muy bien irrigado, con ramas arteriales provenientes de la aorta abdominal.

No nos vamos a entretener en las funciones exocrinas del páncreas, ya que han sido especificadas en el tema 52 y, además, no forman parte del sistema endocrino. Como glándula endocrina, el páncreas fabrica y segrega insulina, glucagón , polipéptido pancreático y somatostatina, con el fin fundamental de gestionar la glucemia.

Distribuidos por el tejido pancreático, encontramos conjuntos de células denominados islotes de Langerhans. En ellos encontramos las siguientes células especializadas...

- las células α → producen glucagón, que eleva el nivel de glucosa en la sangre

- las células β → fabrican insulina, que disminuye los niveles de glucosa sanguínea

- las células δ → producen somatostatina

- también hay células especializadas en la liberación de polipéptido pancreático

Expondré a continuación la acción y peculiaridades de cada una de estas cuatro hormonas.

6.1. Glucagón

Esta hormona peptídica de 29 aa's juega su papel principal en el metabolismo glucídico. Es vertida a sangre desde el páncreas en condiciones de hipoglucemia provocando, principalmente, la hidrólisis hepática de glucógeno y el aumento de la concentración de glucosa en sangre.

La historia de esta hormona se remonta a los años 20, cuando estudios de Kimball y Murlin, mostraron la existencia de una sustancia con propiedades hiperglucémicas en extractos de páncreas. En el año 1923, concretamente, aislaron los primeros extractos de glucagón y se acuñó el nombre. En los años 50, se descubrió la secuencia aminoacídica. Ahora bien, no fue hasta los años 70 cuando se estableció de forma completa su papel en la fisiología general del cuerpo humano.

Además de la unión a los receptores específicos (acoplados a proteínas G) de la membrana de los hepatocitos y la consiguiente estimulación de la glucogenolisis, el glucagón tiene muchos otros efectos. Destacaré los siguientes...

- estimular, una vez que las reservas de glucógeno descienden por debajo de cierto umbral, la fabricación de glucosa *de novo* por las células del hígado (gluconeogénesis)
- aumentar la concentración de ácidos grasos libres y cetoácidos en sangre
- aumentar la producción de urea

La administración de glucagón es la terapia escogida en casos de hipoglucemia grave, cuando no hay posibilidad de ingestión rápida de azúcar. También se ha visto útil en el tratamiento de intoxicaciones por sobredosis con β-bloqueantes (posiblemente por provocar un incremento de la concentración de AMP_c en miocardio).

¿Cómo se regula la tasa de secreción de glucagón por el páncreas? Algunos fenómenos la estimulan...

- niveles bajos de glucosa en sangre
- niveles altos de adrenalina/noradrenalina
- inervación simpática
- elevado contenido de aminoácidos en sangre
- acetilcolina
- colecistoquinina

Y algunas hormonas la inhiben...

- la insulina
- la somatostatina

6.2. Insulina

6.2.1. Un poco de historia...

Sin duda, se trata de la hormona pancreática más conocida, en parte por su uso farmacológico en el tratamiento de la diabetes. Por ello, haré una breve introducción histórica a esta hormona.

En 1869, Paul Langerhans, realizando observaciones microscópicas de tejido pancreático, describió unas agrupaciones peculiares de células, dispersas por todo el tejido. Durante los años siguientes, algunos científicos propusieron el posible papel de estos islotes de Langerhans como secretores de sustancias reguladoras de la digestión.

En 1889, los médicos alemanes Oskar Minkowski yJoseph von Mering, extirparon el páncreas de un perro para verificar este efecto en la función digestiva. Pasados unos días, lo que curiosamente observaron fue una gran afluencia de moscas hacia la orina del animal, lo que les llevó a analizarla y descubrir grandes niveles de azúcar. Esta es la primera conexión conocida entre el páncreas y la diabetes.

El médico estadounidense Eugene L. Opie, en 1901, publicó el primer estudio en el que se relaciona la *Diabetes mellitus* con la destrucción parcial de los islotes de Langerhans. Estudios en diversas partes del mundo, durante las dos primeras décadas del siglo XX, emplearon extractos pancreáticos en orden a rebajar los niveles de glucosuria. En 1921, Nicolae Paulescu, un profesor de fisiología de Bucarest, aisló la insulina, que denominó en su día pancreína. Poco más tarde, mediante estudios diferentes, Frederick Banting, un médico canadiense, y Charles Best, un estudiante de medicina de la Universidad de Toronto, aislaron la misma proteína de los islotes de Langerhans, denominándola isletina. Con la ayuda de J.R. McLeod y el bioquímico James Collip, pronto tuvieron un primer preparado de esta proteína para realizar ensayos clínicos.

El 11 de enero de 1922, a un paciente terminal de diabetes denominado Leonard Thompson, en el Hospital General de Toronto, se le aplicó la primera inyección de insulina de la historia. Aunque al principio mostró una fuerte hipersensibilidad, la segunda inyección (a los 23 días) revirtió muy notablemente la glucosuria y mejoró el estado del paciente.

Tras un rápido trabajo de optimización, la empresa farmacéutica Lilly sacó al mercado los primeros preparados de insulina, en Noviembre de 1922. El descubrimiento de esta hormona fue galardonado con el premio Nobel de Medicina concedido a J.R. McLeod y F. Banting sólo un año más tarde (1923).

Con este se inició la serie de **cuatro premios Nobel** asignadas a estudios sobre la insulina: en 1958 se premió al bioquímico inglés **F. Sanger** con el P.Nobel de Química por la determinación de la secuencia de aminoácidos de esta proteína, la primera en la historia en ser secuenciada. En 1969, una de las pioneras en cristalografía por rayos X, la científica inglesa **Dorothy M. Crowfoot Hodgkin**, recibió el de química por la determinación de la estructura terciaria de la insulina mediante rayos X. Finalmente, en 1977 el Nobel de Medicina fue hacia **Rosalyn Sussman Yalow**, una doctora estadounidense, por el desarrollo de un radioinmunoensayo para la detección de insulina mediante anticuerpos.

6.2.2. ¿Cómo se fabrica?

La insulina se fabrica, como he comentado, en los cerca de 3 millones de células b del páncreas, a partir de una molécula precursora: proinsulina. Sobre esta molécula actúan una serie de proteínas (prohormona convertasa I y II, y la exoprotesa carboxipeptidasa E), que eliminan un fragmento central (péptido C), dejando, como insulina activa un dímero de 51 aminoácidos cuyos monómeros se ensamblan mediante puentes disulfuro.

6.2.3. ¿Qué efectos tiene?

- aumenta captación de glucosa por células musculares y adipocitos
- aumenta la captación de aminoácidos por las células, haciendo crecer la tasa general de síntesis proteica y replicación del ADN
- aumenta la glucogenogénesis en hígado y músculo
- aumenta la tasa de lipogénesis en tejido adiposo, así como la esterificación de los ácidos grasos formados
- aumenta la tasa de absorción de potasio por las células
- aumenta la vasodilatación y el flujo sanguíneo, especialmente en arterias pequeñas
- reduce la tasa general de proteinolisis
- reduce la tasa general de lipolisis

-   reduce la tasa de gluconeogénesis

6.2.4. ¿Cómo se regula su secreción?

La glucosa sanguínea llega a las células de los islotes de Langerhans y es internalizada mediante un receptor específico (GLUT2). La glucosa es metabolizada por vía aerobia, rindiendo grandes concentraciones de ATP. Este incremento de los niveles intracelulares de ATP, provoca el cierre de los canales de K$^+$ y la consiguiente despolarización de la membrana. Este cambio eléctrico desencadena la apertura de canales de Ca^{2+} dependientes de voltaje, favoreciendo la entrada brusca de Ca^{2+} en la célula. Ello conlleva la activación de la fosfolipasa C, primera pieza de la vía de transducción de señal basada en inositoles fosfato. El efecto final de esta ruta es la exocitosis de vesículas cargadas de insulina.

Junto a esta regulación directa por los niveles de glucosa en sangre. La secreción de insulina puede estimularse por vía nerviosa (p.e. terminaciones colinérgicas del nervio vago) y por otras muchas sustancias, aunque no exista una elevación previa de la glucemia. Citaré algunos ejemplos: aminoácidos de la dieta (especialmente alanina, glicina y arginina), colecistoquinina y el péptido insulinotrópico dependiente de glucosa (GIP).

El sistema nervioso simpático, así como fármacos agonistas α_2-adrenérgicos, inhiben la secreción de insulina.

6.3 Somatostatina

La somatostatina es una hormona producida por el páncreas y por otras zonas del cuerpo (estómago, algunas zonas del cerebro), que tiene un efecto modulador del sistema endocrino en muchas facetas. Presenta dos formas químicas, provenientes de la maduración alternativa de una misma prehormona, una forma de 14 aa's y otra de 28. Sus acciones son las siguientes:

-   inhibe la liberación de GH y TSH a nivel de la hipófisis
-   inhibe la secreción de algunas hormonas gastrointestinales (gastrina, colecistoquinina, secretina, péptido intestinal vasoactivo, péptido inhibidor gástrico,…
-   inhibe la liberación tanto de insulina como de glucagón
-   inhibe en general la acción exocrina del páncreas

6.4. Polipéptido pancreático

Se trata de una molécula de 36 aa's que, aunque todavía no existe un dibujo claro de sus acciones, parece inhibir la secreción pancreática en general y estimular las secreciones gástricas. Sus niveles aumentan tras una comida proteica, en situaciones de ayuno prolongado, ejercicio físico,… y disminuyen al aumentar la glucemia.

7. OVARIOS

El papel de algunas hormonas secretadas por los ovarios, así como la anatomía de estos órganos, queda clarificado en el tema 60. Conviene repasar la explicación de los ciclos ovárico y menstrual (punto 1.6) y el papel de las hormonas en ellos. Comentaré algunos aspectos relacionados.

La hormona sexual femenina más conocida es el **estradiol**. Se trata de una hormona esteroidea. Aunque suele incluirse en el grupo de las hormonas sexuales femeninas, es una hormona presente también en hombres, pero describiré sus efectos en esta sección.

El estradiol interviene, de diversos modos, en el desarrollo sexual de la mujer. Por ejemplo, se fabrica días antes de la ovulación, para estimular la secreción del moco uterino, que favorece la llegada de los espermatozoides al óvulo. A su vez, también estimula el engrosamiento del endometrio, estimula la liberación de LH por la hipófisis, como proceso que dispara la ovulación.

Otra hormona sexual femenina importante, fabricada y secretada por el cuerpo lúteo, es la progesterona. Esta molécula causa el cambio brusco en las características del moco cervical uterino hacia el día 14 del ciclo ovárico.

En los ovarios, se da la secreción de **inhibina**, que inhibe la síntesis de FSH y participa en la regulación del ciclo menstrual. Esta hormona también es secretada por los testículos.

Los ovarios secretan también cantidades moderadas de testosterona, que comentaré al hablar de los testículos.

8. PLACENTA

Secreta la **gonadotropina coriónica humana**, que favorece el mantenimiento del cuerpo lúteo durante el inicio del embarazo, así como genera un ligero efecto inmunosupresor que protege al embrión del sistema de defensa de la madre.

Otra hormona importante secretada por la placenta es el **lactógeno placentario humano** (HPL), un polipéptido de 190 aa's que, básicamente, modifica el estado metabólico de la madre para favorecer el flujo de nutrientes entre ella y el embrión.

9. TESTÍCULOS

El papel de algunas hormonas secretadas por los testículos, así como la anatomía de estos órganos, queda clarificado en el tema 60. Repasaré algunos aspectos

La hormona principal fabricada por testículos es la **testosterona**, una hormona esteroidea que, como he señalado, también es secretada por algunas células de la médula suprarrenal. En condiciones normales, la secreción de testosterona testicular es entre 8 y 10 veces superior a la ovárica. Podríamos señalar los siguientes efectos de esta hormona:

- efectos relacionados con la fisiología sexual
  - o desarrollo normal de los genitales externos
  - o estimulación de la espermatogénesis en los túbulos seminíferos
  - o aumento del deseo sexual.

- efectos relacionados con el desarrollo de los caracteres sexuales secundarios
  - o incremento de la masa muscular
  - o multiplicación de las glándulas sebáceas
  - o engrosamiento de la piel
  - o modificación de la morfología laríngea y del tono de voz
  - o generación de vello en pubis, tronco, extremidades y cara
  - o aumento de la tasa de crecimiento de los huesos largos

- efectos relacionados con la función de la hipófisis
  - o inhibe la secreción de las gonadotropinas hipofisarias

- efectos sobre el metabolismo
  - o incremento de la tasa de síntesis proteica
  - o incremento de la retención de sodio, cloro, fósforo, potasio y agua

- efectos sobre la fabricación de glóbulos rojos
  - o incremento de la tasa de síntesis de eritropoyetina a nivel renal

Las células de Sertoli, del epitelio seminífero, secretan el **MIF** (Factor inhibidor mülleriano u hormona anti-mülleriana), que, en los adultos, inhibe la secreción de prolactina y TRH de la adenohipófisis, y, en el desarrollo embrionario, evita la derivación de los conductos müllerianos hacia la formación del útero.

10. PRINCIPALES ENFERMEDADES

Las principales patologías relacionadas con cualquier tipo de desajuste hormonal trataré de sistematizarlas esquemáticamente como sigue:

- Relacionadas con el eje hipotálamo-hipofisiario

    o Encontramos la *diabetes insípida*, un defecto de la neurohipófisis que afecta a la secreción de vasopresina y se caracteriza por la producción de orina muy abundante y muy diluida.

    o En niños, el déficit de secreción de GH provoca enanismo y su exceso lleva a estados de gigantismo. Si esta hiperfunción de la adenohipófisis se da en personas adultas lleva a un proceso de estiramiento irregular de los huesos conocido como acromegalia.

- Relacionadas con la glándula tiroides

    o Hipotiroidismo → disminución de la actividad de la glándula tiroides, por varias causas. Si se debe (como en la mayoría de los casos) a una insuficiencia de la propia glándula, hablaremos de hipotiroidismo primario. Existe también el secundario (origen en la estimulación proveniente de la hipófisis), el terciario (defecto hipotalámico) o cuaternario (creación de anticuerpos contra las hormonas tiroideas). También puede deberse a un déficit en la ingestión de yodo. Su sintomatología es inespecífica y de inicio insidioso. Entre los principales síntomas encontramos la letargia, el estreñimiento, la intolerancia al frío, rigidez y contractura muscular, el síndrome del túnel carpiano y la menorragia. En múltiples ocasiones la glándula tiroides se dilata para poder acometer una mayor secreción (formando el conocido **bocio**).

    o Hipertiroidismo → se trata de un exceso de hormonas tiroideas en sangre. Puede ser originado por un tumor (normalmente de tipo benigno), por defectos en los sistemas de regulación de la glándula o por una patología de tipo autoinmune denominada enfermedad de Graves-Basedow (causa más común de hipertiroidismo)

- Relacionadas con el paratiroides

    o Puede producirse un hipoparatiroidismo, normalmente asociado a una extirpación quirúrgica errónea de la glándula tiroides. Sus síntomas son un incremento del fósforo en sangre, una disminución del calcio y un estado general de hiperexcitación muscular, que favorece que algunos músculos lleguen a la tetania

- o El caso contrario, hiperparatiroidismo, produce una pérdida rápida de iones calcio de los huesos, llevando a un estado de fragilidad de los mismos conocidos como osteítis fibrosa quística

- Relacionadas con las glándulas suprarrenales
  - o Síndrome de Cushing. Es una patología causada por una hiperfunción glandular que conlleva unos niveles excesivos de cortisol en sangre. Puede deberse a un tumor suprarrenal o hipofisiario. Su efecto principal es una pérdida intensa de proteínas, lo que lleva asociados una serie de síntomas característicos: extremidades delgadas, estrías en la piel, dificultad en la cicatrización,...

  - o Enfermedad de Addison. Se trata de un estado de hipofunción causado por diversos procesos que actúan sobre la corteza suprarrenal (infecciones como tuberculosis o sífilis, atrofia, tumores,...). Se caracteriza por una debilidad muscular generalizada, apatía, hipotensión, posible impotencia en varones, trastornos digestivos,...

  - o Feocromocitoma. Se trata de un tumor benigno de la médula suprarrenal que provoca un exceso de secreción de adrenalina, con los síntomas esperables.

- Relacionadas con el páncreas

  - o La enfermedad más conocida del páncreas, y posiblemente del sistema endocrino es la diabetes mielitus. Afecta a más de diez millones de personas y, en realidad, se trata de un conjunto de enfermedades que comparten la incapacidad para producir o utilizar insulina. Se caracteriza por hiperglucemia y glucosuria. Distinguimos dos tipos...
    - Diabetes tipo I. Se debe a una ausencia total de insulina. Es de origen autoinmunitario y afecta a personas jóvenes a quienes acompaña durante toda la vida. El tratamiento consiste en la inyección periódica de insulina.
    - Diabetes tipo II. Es mucho más frecuente que la anterior. Su aparición se da en personas mayores de 35 años con sobrepeso. Puede llegarse a un tratamiento con insulina, pero no es lo más frecuente, pudiéndose paliar sus efectos mediante ejercicio físico, dieta,...

11. CONCLUSIÓN

El eje hipotálamo-hipófisis regula gran parte del compurtamiento de una serie de tejidos de naturaleza glandular esparcidos por el cuerpo. Llama la atención la coincidencia espacial de tejidos endocrinos con funciones diversas, como ocurre con las diferentes capas de la corteza suprarrenal, las glándulas tiroides y paratiiroides,...

He tratado de exponer los principales rasgos anatómicos de los órganos de este sistema endocrino, las hormonas producidas y sus efectos, así como los mecanismos que regulan su fabricación y secreción. Finalmente, mi exposición concluye con esta breve referencia a las patologías de mayor interés relacionadas con la función endocrina. Muchas gracias por la atención.

Bibliografía útil:

GUYTON, A.C. y HALL, J.E. (2003) "Tratado de fisiología médica", 10ªed, Ed. McGraw-Hill

TORTORA, G.J. y GRABOWSKY, S.R. (2005) "Principios de anatomía y fisiología", 9ªed, Ed. Oxford.

THIBODEAU, G.A. y PATTON, K.T. (2007) "Anatomía y fisiología", 4ªed, Ed. Interamericana-McGraw-Hill

TEMA 59

0. INTRODUCCIÓN

Podríamos definir el aparato locomotor como el conjunto de órganos que permiten los movimientos de nuestro cuerpo, con lo que ello implica de cara a las funciones vitales generales (nutrición, relación y reproducción).

Resulta interesante observar cómo la articulación ordenada en el espacio de una serie de células y matrices extracelulares especializadas ha llevado, durante un largo proceso evolutivo, a la consecución de piezas macroscópicas que, bien por medio de su naturaleza rígida, bien por medio de sus propiedades contráctiles, permiten la gran variedad de habilidades locomotoras de las personas.

En esta exposición trataré de resaltar los aspectos más importantes de este sistema de locomoción. Lo haré mediante el siguiente orden. (es muy conveniente exponer con claridad, aquí al principio, el orden que se va a seguir, leer el índice de una forma ágil)

1

1. PRINCIPALES ELEMENTOS

De cara a una descripción del aparato locomotor, podemos diferenciar los siguientes elementos:

- piezas duras de tamaño fijo → huesos

- piezas blandas de tamaño variable o contráctiles → músculos

- zonas de interacción entre piezas, que permiten los movimientos relativos entre ellas → articulaciones (cartílagos, tendones y ligamentos)

2. IMPORTANCIA DEL APARATO LOCOMOTOR PARA CONOCER LA EVOLUCIÓN HUMANA

Al ser estructuralmente consistentes, algunas de las piezas del aparato locomotor han dejado constancia en el registro fósil, lo que lo convierte en el aparato del cuerpo humano que más se asocia a la variación evolutiva de la especie. Obviamente, el resto de órganos también han evolucionado, estructural y funcionalmente, pero las piezas duras del sistema esquelético (huesos, dientes,...) han dejado más constancia y resultan por ello más informativas para el estudio de la evolución humana.

Un hito importante en la evolución del sistema locomotor es la adquisición de la postura bípeda. El impacto de esta modificación en la eficiencia biológica de la especie ha sido tremendo. Este cambio anatómico resulta crucial para la evolución de numerosos rasgos propios del ser humano hacia su estado actual. Poe ejemplo...

- el aumento de la masa y extensión del córtex cerebral (ya que el peso de una cabeza mayor ya no suponía un efecto mecánico tan intenso sobre la musculatura del cuello)

- el desarrollo de la destreza manual (al quedar libres las extremidades anteriores de la función locomotora). Este punto puede ser determinante para el desarrollo de sistemas de signos que , acompañando a un desarrollo del aparato fonador, llevan a la progresiva aparición de un lenguaje escrito y hablado. Obviamente la relación entre bipedismo y capacidad verbal (oral o escrita) no tiene porque ser una relación de tipo causa-efecto

3. PRINCIPALES TEJIDOS

3.1. Tejido óseo

Sus células se nombran según la serie osteoblastos → osteocitos → osteoclastos, según el estado de maduración, lo que repercute en su fisiología. Los osteocitos, de forma estrellada, son los más abundantes y se localizan en pequeñas cavidades de la matriz ósea denominadas lagunas óseas.

La matriz extracelular está compuesta de osteína (una proteína que confiere cierto carácter elástico) y fosfato y carbonato de calcio (que proporcionan la dureza).

La disposición general de la matriz extracelular es en forma de láminas concéntricas, alrededor de un conducto denominado conducto de Havers. Cada uno de estos conductos, junto con el cilindro de matriz que lo rodea, se denomina osteona. Los conductos de Havers, que albergan vasos sanguíneos, se comunican entre sí mediante cavidades perpendiculares (conductos de Wolkman). El conjunto es alimentado desde el exterior a través del conducto nutricio.

El conjunto de osteonas, rodeado de una capa externa denominada periostio, forma el hueso.

El tejido óseo que he descrito recibe el nombre de tejido óseo laminar. Existe un tipo de tejido óseo (el plexiforme) de aspecto más desordenado, que encontramos en zonas de hueso cercanas a la inserción de tendones.

Por diversas razones (remodelación, crecimiento de huesos, origen embrionario,...) es necesaria la fabricación continua de tejido óseo. Esto ocurre de la siguiente manera. Las células indiferenciadas de la superficie del hueso pueden ser en ocasiones activadas (por ejemplo, por parathormona) y pasar a tener una gran actividad de resorción ósea (denominándose osteoclastos). En otras ocasiones, la activación puede tener lugar gracias a la acción de calcitonina o estrógenos, llevando a las células a un estado en el que favorecen la mineralización ósea (denominándose osteoblastos).

Bioquímicamente...

- la degradación ósea necesita un incremento de la actividad colagenasa, lo que ocasiona una disolución parcial de la matriz de colágeno sobre la que se depositan el calcio y los fosfatos. El hecho de que la degradación ósea va ligado a hidrólisis de colágeno se observa en los incrementos del nivel de 5-OH-prolina en orina (éste es un aminoácido muy característico y abundante del colágeno)

- la síntesis ósea se apoya en una activación de la fosfatasa alcalina. Esta enzima hace aumentar los niveles locales de fosfato, que favorece la deposición de calcio. Cabe señalar que esta enzima se activa por 1,25(OH)$_2$-colecalciferol (vitamina D), indicándoos cuál es el papel concreto de esta sustancia en el metabolismo del calcio

3.2. Tejido muscular

La denominación "tejido muscular" se aplica a varios tejidos, todos ellos especializados en la contracción, pero muy diferentes entre sí en muchos otros aspectos. Por ejemplo, aunque el sistema contráctil actina-miosina se mantiene en todos ellos, difiere en…

- la secuencia de aminoácidos tanto de actina como de miosina (hay pequeñas variaciones)
- la distribución intracelular de ambas proteínas
- las proteínas accesorias que controlan la contracción

De todos los tipos de tejido muscular que se expusieron en el tema 30, únicamente me referiré al tejido muscular esquelético, por tener una función claramente locomotora (no incluible en el sistema circulatorio o el digestivo, por ejemplo).

El **tejido muscular esquelético** es el responsable de casi todos los movimientos voluntarios. Sus células pueden ser muy grandes (entre 2-3 cm de largo y 100μm de ancho). Cada una de ellas es un sincitio (un conjunto de núcleos que comparten un citoplasma común), fenómeno que no ocurre en el resto de tejidos musculares.

Presenta una morfología estriada, o en bandas oscuras y claras. Cada unidad de esta estructura general se denomina sarcómero, y morfológicamente muestra una banda oscura central (con la porción central algo más clara y la línea M, de nuevo muy oscura, en el medio), dos bandas claras laterales y dos líneas oscuras laterales (discos Z). Evidentemente, al observar dos sarcómeros contiguos, las bandas claras duplican su grosor y presentan una línea oscura central, que es el disco Z, compartido por ambos sarcómeros.

Entre otras, en el disco Z tenemos la proteína CapZ, a la que se unen los filamentos de actina que salen perpendiculares al disco y paralelos entre sí. En su extremo terminal presentan, a modo de protección, una molécula de tropomodulina, que evita la despolimerización de la actina. Entre las fibras de

4

actina se sitúan las de miosina, aparentemente centrales y sin conexión con los discos Z. En realidad, están unidos a ellos mediante una proteína denominada titina, que se ancla en el disco Z también gracias a CapZ.

Mirados en un corte transversal, los sarcómeros tienen el aspecto de una serie de manchas gruesas distribuidas muy ordenadamente (las fibras de miosina). Cada una de ellas está rodeada de 6 manchas más delgadas, que forman un hexámero regular a su alrededor. Son las fibras de actina.

3.3. Tejido cartilaginoso

Sus células se nombran según la serie condroblastos → condrocitos → condroclastos, cada tipo reflejando su composición química.

3.3.1. Cartílago hialino

Presenta poca cantidad de fibras colágenas. Es el esqueleto del embrión de animales óseos y del esqueleto adulto de condríctios. En algunas zonas del cuerpo humano adulto persiste: discos de la tráquea, nariz, extremo de las costillas, bronquios y paredes de la laringe.

3.3.2. Cartílago articular

Contiene algo más de fibras colágenas, que emplea para adherirse mejor a la superficie ósea. Lo encontramos en la superficie articular de los huesos. Se nutre del líquido sinovial.

3.3.3. Cartílago elástico

Contiene gran cantidad de fibras de colágeno y elásticas. Se trata de un cartílago incapaz de regenerarse y nunca se osifica en adultos. Lo encontramos en la trompa de Eustaquio, la epiglotis, el pabellón de la oreja y las paredes del conducto auditivo externo.

3.3.4. Cartílago fibroso

Es un tejido intermedio entre el hialino y el elástico. Es típico de los discos intervertebrales, los lugares de inserción de los tendones y el pabellón auditivo de roedores y quirópteros.

4. LOS HUESOS

4.1. Tipos de huesos

Según su morfología, distinguimos cuatro tipos de huesos...

- los huesos largos cilíndricos, que presentan dos regiones claramente diferenciadas

  - o la diáfisis, cilindro alargado, hueco, que ocupa la parte central del hueso. Está formada por tejido óseo compacto. Alberga, en el hueco central, la médula ósea amarilla, formada por tejido adiposo

  - o la epífisis, ensanchamientos laterales de los huesos largos. Están formadas por tejido óseo plexiforme. Albergan en su interior la médula ósea, formada por tejido hematopoyético, en la que se fabrican los componentes celulares de la sangre

  Ejemplos de estos huesos son las piezas principales de las extremidades superiores e inferiores.

- los huesos largos planos. Están formados por tejido óseo compacto. Su morfología es aplanada y no presentan cana central. Ej: costillas

- los huesos cortos. Sus tres dimensiones espaciales son muy similares. Están constituidos por tejido óseo esponjoso. Ejemplos son los huesos del talón, de la muñeca, las vértebras,...

- los huesos planos, son aquellos en los que dos dimensiones son muy similares y una tercera es mucho menor. Están formados internamente por dos capas de tejido óseo compacto, entre las que se sitúa una capa de tejido óseo plexiforme. Son ejemplos los huesos de la cara, los del cráneo y los omóplatos.

4.2. Principales huesos del cuerpo humano

4.2.1. Huesos del cráneo

Son aquello que encontramos en la parte superior de la cabeza y en cuyo interior se albergan el conjunto de estructuras nerviosas que forman el encéfalo. Los huesos del cráneo constituyen, a su vez, un importante material en estudios paleontológicos y sus diferencias se emplean como criterio de clasificación de primates.

El cráneo lo forman 8 huesos unidos por una serie de suturas, de aspecto externo tortuoso, que impiden el movimiento relativo entre huesos. En recién nacidos, los huesos no se acaban de unir y queda un hueco entre ellos denominado fontanela, que acaba cerrando durante el primer año de vida.

En la parte anterior y superior encontramos el hueso frontal. En su cara anterior encontramos unas protuberancias circulares, que se continúan en forma de depresión, formando así la cubierta superior de las órbitas oculares. Sobre el reborde de estas órbitas, el hueso frontal presenta unas oquedades (senos frontales), que están tapizadas por mucosa y comunican con la cavidad nasal. Finalmente, señalar que la zona inferior del hueso frontal contribuye a la formación de la base del cráneo.

Situados posteriormente al hueso frontal y en la zona superior encontramos los huesos parietales. En posición también lateral pero en la zona inferior encontramos los temporales. En su zona inferior, los huesos temporales son gruesos y ayudan a formar la base del cráneo. En su zona superior son más delgados.

La zona más posterior del cráneo está tapizada por el hueso occipital. Este hueso se extiende por debajo del cráneo completando el cierre de la cavidad. En el centro de esta zona inferior del occipital encontramos el agujero occipital, que permite la salida de los nervios hacia la médula espinal y apoya en la primera vértebra de la columna vertebral, denominada *atlas*.

En la línea horizontal del cráneo encontramos un hueso pequeño, denominado etmoides. Contribuye a cerrar la cavidad craneal justo por detrás del hueso frontal y tiene unas prolongaciones que constituyen el techo de las fosas nasales.

Tras el etmoides y el frontal, encontramos el hueso esfenoides. Éste presenta una zona central, que interiormente alberga una cavidad denominada silla turca, en que se alberga la hipófisis; y unas prolongaciones que acaban de sellar la base del cráneo, llegando por otro lado a formar parte de las paredes de las órbitas oculares.

4.2.2. Huesos de la cara

En la cara encontramos...

- el maxilar superior (en realidad se trata de dos huesos, situados uno a cada lado de la línea media). Presentan cavidades internas (senos maxilares) que comunican con la cavidad nasal. Las paredes de las fosas nasales (los tres cornetes) y el paladar están formados por estos huesos, que también contribuyen a la pared interna de las órbitas oculares

- el maxilar inferior, forma la parte móvil de la mandíbula, con función masticadora. Se articula con los huesos temporales a través de una prolongación redondeada (cóndilo) y alberga pequeñas cavidades para los dientes (en total 16 en una dentición inferior adulta).

- la zona trasera de la nariz está tapizada por los dos huesos nasales

- los pómulos se asientan sobre los huesos malares, que extienden unas prolongaciones alargadas que, al unirse con unas apófisis de los huesos temporales forman los arcos zigomáticos. Estos huesos, como otros que ya he comentado, contribuyen a formar la pared interna de las órbitas oculares

4.2.3. Huesos de la columna vertebral

La columna está formada por 24 huesos cortos denominados vértebras (si no contamos las vértebras coccígeas, que son 4 ó 5 más). Cada vértebra consta de dos partes: el cuerpo (parte central) y las apófisis (prolongaciones que salen del cuerpo). Algunas apófisis se dirigen hacia atrás (espinosas) y otras salen lateralmente (transversas). La morfología de las apófisis deja entre el núcleo y ellas un agujero denominado agujero vertebral, cuyo diámetro (~2 cm al principio) va creciendo va creciendo al acercarnos hacia el final de la columna.

Las vértebras se nombran según su posición. Hay 7 vértebras cervicales (las más móviles y pequeñas), 12 dorsales (más gruesas y menos móviles) y 5 lumbares (son las más gruesas y aún son algo móviles).

Tomando como referencia la superficie de la espalda, el perfil de la columna vertebral puede ser cóncavo (lordosis) o convexo (cifosis). Lo habitual es que existan dos lordosis (cervical y lumbar) y una cifosis (dorsal).

Tras la zona lumbar encontramos un conjunto de 5 vértebras soldadas en un solo hueso, el sacro, que tiene forma triangular, con la base en la zona superior. Verticalmente se distinguen, en el sacro, dos hileras paralelas de 4 orificios cada una. Este hueso se une a los huesos coxales de la cavidad pélvica.

Finalmente, en la región coccígea encontramos 4 o 5 vértebras que forman la zona caudal de la columna. Están unidas formando un solo hueso, denominado coxis, y no presentan apófisis.

4.2.4. La caja torácica

Se trata de una estructura compuesta por todos los huesos y cartílagos del tórax. Las estructuras principales son las costillas. Son huesos planos que surgen desde las vértebras dorsales y se unen, mediante fragmentos cartilaginosos también planos, a un hueso central denominado esternón. Por la zona interna de cada costilla circula una vena, una arteria y un nervio intercostal.

Normalmente hay 12 costillas, que salen de las 12 vértebras dorsales. En ocasiones puede haber alguna costilla más, bien desde la última cervical o desde la primera lumbar. Se denominan costillas supernumerarias.

De las 12 costillas habituales, las 7 más superiores se unen al esternón mediante un cartílago único, los cartílagos de las tres siguientes se unen entre sí antes de llegar al esternón (costillas falsas) y las dos últimas presentan el extremo anterior libre, no unido al esternón (costillas flotantes). Las costillas se disponen ligeramente inclinadas hacia abajo, lo que permite que la elevación de cualquiera de ellas, gracias a la acción de los músculos intercostales, haga aumentar el volumen de la caja torácica, favoreciendo los movimientos respiratorios.

El esternón es un hueso plano, situado en la zona anterosuperior del tórax, en el que podemos distinguir tres partes: una porción más ancha, situada en la zona superior (manubrio), un cuerpo central y alargado, y un apéndice óseo final denominado apéndice xifoides.

4.2.5. Las extremidades superiores

Describiré, igual que para las inferiores, sólo una mitad del cuerpo, entendiéndose que se trata de estructuras duplicadas.

Unido a la zona superior de la caja torácica y separado de ella por una masa de tejido conjuntivo-muscular, encontramos el **omóplato**, un hueso plano de forma triangular que presenta dos protuberancias, una hacia atrás denominada espina escapular (cuyo extremo se llama acromion) y otra hacia arriba, denominada apófisis coracoides.

La clavícula es un hueso plano alargado que se une a la parte superior del esternón y al acromion.

Desde el omóplato surge el húmero, el principal hueso de la porción proximal del brazo. La articulación entre ambos huesos se realiza a través de una superficie cartilaginosa que recubre la epífisis superior del húmero. Este hueso largo se une, en su zona inferior, al radio (a través del cóndilo) y al cúbito (a través de la tróclea).

El cúbito y el radio componen el soporte óseo del antebrazo. Ambos dotan a esta parte del brazo de sus propiedades de flexión, extensión y rotación. Esta última propiedad exige el cruce de ambos huesos formando una especie de X alargada, lo que permite el giro de la mano. El cúbito se une al húmero mediante la epitróclea (de morfología complementaria a la tróclea) y el radio lo hace mediante su epífisis proximal. El radio es ligeramente más grueso en su porción distal, zona donde son frecuentes las fracturas, especialmente en personas de avanzada edad.

Tras el antebrazo, encontramos la muñeca, formada por 8 huesos cortos dispuestos en dos filas. En la fila más proximal encontramos, en dirección de exterior a interior, los huesos escafoides, semilunar y piramidal. En la fila más distal, en el mismo orden, se encuentran el trapecio, trapezoides, grandes, ganchoso y pisiforme.

En posición distal a la muñeca está la mano, que presenta un soporte óseo individual para cada dedo. Así, en cada uno encontramos un metacarpiano (hueso de tipo largo, con epífisis y diáfisis) y las falanges primeras, segundas y terceras (en algunos textos denominadas falanges, falanginas y falangetas).

4.2.6. La pelvis

Encontramos tres huesos: el coxal, el sacro y el coxis (describiré el primero de ellos, ya que el resto han sido comentados al hablar de la columna vertebral).

El coxal está formado por la unión de tres huesos. En cuanto a su morfología general, es como un receptáculo esférico (cavidad cotiloidea) cuyo reborde presenta dos hendiduras en las que se alberga la cabeza del fémur.

El íleon es un hueso plano que forma la parte superior de la cavidad. La zona externa es más irregular y en ella se insertan una serie de músculos, mientras que internamente es más regular. La zona posterior interna se une al sacro.

La zona superior del isquion forma parte de la cavidad, mientras que la inferior (rama isquiática) es más estrecha y se une al pubis. La porción de pubis que se une a este hueso se denomina rama pubiana. Entre ambos huesos queda formado un orificio (orificio obturador), cerrado normalmente por una membrana de tejido conjuntivo. El pubis derecho e izquierdo se unen en la denominada sínfisis del pubis, cuya inmovilidad se asegura por una estructura de tipo fibrocartilaginoso. Son importantes las adaptaciones de esta zona de cara a la formación del canal del parto.

4.2.7. Las extremidades inferiores.

Proximalmente encontramos el fémur, el hueso más largo del cuerpo, que se articula con la pelvis a través de la articulación de su epífisis proximal y la cavidad cotiloidea. Como dato curioso, comentar que la diáfisis femoral no es completamente recta, sino que presenta una ligera curvatura de ~12°.

La epífisis inferior es peculiar. Presenta una depresión anterior, en la que se aloja la rótula (hueso corto que, unido a la epífisis tibial y al músculo cuádriceps mediante el tendón rotuliano, permite el movimiento de extensión de la pierna). La epífisis inferior, además presenta dos cóndilos y un surco entre ellos (escotadura intercondílea) mediante los que se articula con la tibia exclusivamente.

La porción superior de la tibia tiene unas depresiones (cavidades glenoideas) que permiten su articulación con el fémur. La epífisis superior de la tibia se articula lateralmente con el peroné y la inferior con los huesos del tobillo (principalmente con el astrágalo). El peroné se une a la tibia y a algunos huesos del tobillo. Entre tibia y peroné encontramos la membrana interósea.

En el tobillo encontramos multitud de huesos. Principalmente destacaré una serie de huesos cortos (astrágalo –que se articula con la tibia-, calcáneo –que forma el talón-, cuboides, escafoides y cuñas primera, segunda y tercera), 5 huesos largos (metatarsianos, uno para cada dedo) y 3 falanges para cada dedo, excepto el dedo gordo, que sólo tiene dos falanges.

5. LOS MÚSCULOS

La masa muscular esquelética del cuerpo humano se reparte en ~400 músculos, llegando a suponer sobre un 35% del peso corporal. No obstante, este porcentaje varía en función del ejercicio físico realizado.

Podemos hacer una clasificación de los músculos según los órganos a los que están fijados y cuya movilidad controlan. Así pues, tendríamos...

- músculos unidos a hueso (directamente o mediante un tendón – estructura dura, formada por la disposición ordenada de fibras de colágeno, que conecta músculos y huesos-)

- músculos anchos unidos a otros músculos (se denominan aponeurosis y un ejemplo serían los músculos de la pared abdominal)

- músculos unidos a la piel (músculos cutáneos)

- músculos unidos a mucosas (por ejemplo, la musculatura esquelética de la cavidad bucal)

Pasaré ahora a exponer otra clasificación de los músculos que resulta más clarificadora, basada en su localización en el cuerpo.

- En la **cabeza** encontramos músculos principalmente de tipo cutáneo, muy delgados, planos y de poca potencia, implicados básicamente en el control de gestos faciales, muecas,... Entre los más relevantes, yendo desde la nuca hacia arriba y regresando por delante de la cara, podríamos citar el occipital, auriculares superior y posterior, frontal, orbicular de los párpados, elevador del labio superior, masetero, cigomático menor y, ya en la zona cercana al cuello, el esternocleidomastoideo, el omohioideo y el digástrico. Existen muchos otros, asociados a funciones concretas (por ejemplo, el músculo ciliar que modula la acomodación ocular)

- En el **cuello** encontramos una serie de músculos que, quizá como misión más relevante, permiten el movimiento cefálico. Encontramos el músculo recto lateral, el recto anterior menor, el largo del cuello, el escaleno posterior y anterior,...

- En la **zona dorsal superior del tronco** encontramos...

    o ...el músculo trapecio, que permite que el hombro se eleve y que el omóplato se desplace hacia la columna vertebral

    o ...el músculo dorsal ancho, cuya contracción hace bajar el brazo erguido

    o ...los músculos romboides, que ayudan al trapecio a acercar el omóplato a la columna

- o ...los músculos de los canales vertebrales, que actúan conjuntamente para contraer la columna y evitar que el peso de las vísceras curve el cuerpo hacia delante

- En el **tórax** encontramos...

  - o ...el músculo pectoral mayor, tiene forma triangular con la base en posición central y paralela al eje anteroposterior. Se inserta por la base en costillas, esternón y clavícula. Desde cerca de la clavícula, se comunica, mediante un tendón, con el húmero. Este músculo, de gran tamaño, permite la rotación del húmero hacia el interior y su descenso

  - o ...el músculo pectoral menor, se sitúa en zona más profunda que el anterior, insertándose en las primeras costillas y, a partir de allí, en el omóplato a través de un tendón. Este músculo permite que las costillas suban mientras quedan fijos los omóplatos, posibilitando la respiración

  - o ...el músculo serrato mayor, hace la misma función de facilitación respiratoria que el anterior, pero con otra estructura. Se dispone de forma, uniendo las 9 primeras costillas al omóplato

  - o ...los músculos intercostales, se disponen en tres bandas que conectan cada una de las costillas con la contigua

- La pared del **abdomen** está formada por cuatro músculos. Tres de ellos (el oblicuo mayor, el oblicuo menor y el transverso) son planos y, al contraerse, contribuyen desde el abdomen al proceso de espiración pulmonar. Tienen también un papel en el control de la rotación de la pelvis. El cuarto músculo es el recto anterior, un músculo largo fragmentado por numerosos segmentos tendinosos que recorre el abdomen, insertándose al esternón, costilla y hueso coxal. Principalmente, este último músculo permite la flexión de la pelvis sobre el tronco

- Si miramos la musculatura de la extremidad superior nos encontramos, inicialmente, con el músculo deltoides, situado en la **zona del hombro**. Tiene forma triangular y su base se inserta en la clavícula y el omóplato. De él surge un tendón que se une al húmero, permitiendo articular la acción de elevar lateralmente el brazo. Encontramos otro músculo (el supraespinoso) que ayuda al deltoides en esta función. En la misma zona, el músculo infraespinoso permite la rotación del brazo hacia el exterior, ayudado también por el músculo redondo menor. El músculo redondo mayor tiene una localización similar pero sirve para llevar el brazo hacia atrás. Finalmente, para acabar esta descripción de la zona del hombro, vemos el músculo subescapular, que permite la aproximación del brazo al cuerpo y su rotación hacia dentro.

- En el **primer tramo del brazo** encontramos cuatro músculos importantes...

  o ... tres en la zona anterior (el coracobraquial, el braquial anterior y el bíceps)

  o ... y el tríceps en la zona posterior

- En el **antebrazo y mano** encontramos multitud de pequeños músculos. Al ser imposible citarlos todos, simplemente comentaré una regla general. Los de la zona anterior son habitualmente flexores de los dedos y los de la zona posterior extensores.

- Comentaré brevemente los músculos de la **pelvis y extremidades inferiores**. Sus funciones principales son los movimientos de marcha (andar, correr,...) y mantener el cuerpo erguido.

  o ... en la región lumboilíaca encontramos...
    ▪ el músculo cuadrado lumbar (su contracción impulsa la espiración y pequeños movimientos de basculación pélvica)
    ▪ el músculo psoasilíaco (que conecta el fémur con las vértebras lumbares y el hueso coxal y permite movimientos relativos entre estas tres zonas)

  o ... en la región pélvica encontramos...
    ▪ Los tres músculos glúteos (mayor, mediano y menor), formados por una gran masa muscular muy voluminosa, que son importantes para mantener al cuerpo erguido en situación estática
    ▪ Una serie de músculos implicados en la acción de girar el fémur hacia fuera (piramidal, géminos, obturadores y cuadrado crural)

  o ... en el muslo encontramos ...
    ▪ El cuádriceps crural que conecta el fémur, el coxal, la rótula y la tibia. Es un músculo con mucha potencia que permite la extensión de la pierna
    ▪ Los aductores, presentes en la cara interna del muslo, conectan el fémur con el hueso coxal, permitiendo el movimiento de aducción del muslo (llevarlo hacia el centro)
    ▪ Músculos dorsales (semimembranoso, semitendinoso y bíceps crural), que conectan el isquion y el fémur con la tibia y el peroné. Se encargan de flexionar la pierna sobre el muslo

  o ... en el resto de la pierna encontramos ...
    ▪ El tibial anterior (que permite la flexión de la pierna hacia la zona dorsal)

- Los extensores de los dedos (situados en la zona anterior)
- Los músculos gastrocnemios (o gemelos), que se unen al músculo soleo y, entre ambos, conectan la parte inferior del fémur con la superior de tibia y peroné. Acaban en un tendón común (tendón de Aquiles) que se inserta en el hueso calcáneo. En conjunto, estos músculos se encargan de la extensión del pie.

6. ARTICULACIONES Y FIJACIÓN DE LOS HUESOS A OTRAS ZONAS DEL CUERPO

6.1. Tipos de articulaciones según las piezas óseas

En toda articulación encontramos unos extremos óseos y una serie de elementos anejos. Señalaré tres tipos de articulaciones, consciente de que, en realidad, cada articulación es diferente del resto.

6.1.1. Sinartrosis

Sus fragmentos no presentan movilidad. Ejemplos de este tipo serían los huesos del cráneo y la cara. Cabe señalar, no obstante, una diferencia básica entre ambos ejemplos. En el cráneo las suturas son muy tortuosas y en la cara son más lisas.

6.1.2. Anfiartrosis

Las piezas tienen movilidad, aunque reducida. Es característico de estas articulaciones la presencia de discos de tipo fibroso o cartilaginoso entre ambas piezas óseas. Ejemplos serían las vértebras o la sínfisis del pubis)

6.1.3. Diartrosis

Las piezas pueden moverse con bastante amplitud. Ejemplos serían las articulaciones entre huesos largos (hombro, codo, rodilla,...).

Podemos distinguir tres tipos de diartrosis...

- Articulación condiloidea → una pieza ósea es convexa y la otra es cóncava en orden a albergar a la anterior (ejemplo: articulación entre radio y húmero).

- Articulación troclear → una de las piezas tiene forma de polea (surco central con rebordes elevados) y la otra pieza es morfológicamente complementaria (ejemplo: articulación del húmero con el cúbito).

14

- Artrodias → las piezas óseas interaccionan por superficies prácticamente planas (ejemplo: articulaciones entre huesos de la muñeca)

6.2. Otros elementos no óseos en las articulaciones

Una capa de cartílago recubre la mayoría de articulaciones óseas, evitando el desgaste de las piezas óseas y amortiguando la transmisión de impactos mecánicos desde zonas alejadas a esa articulación.

Entre algunas articulaciones del cuerpo, encontramos unas estructuras fibrocartilaginosas denominadas meniscos. Su finalidad es que la adaptación entre las piezas sea más perfecta y la superficie de contacto mayor, con lo que se reparte la carga que recae sobre la pieza inferior (es típico el menisco de la rodilla).

Las articulaciones no están abiertas totalmente al resto del cuerpo sino inmersas en unas envolturas que pueden ser...

- la membrana sinovial, que incluye un líquido muy viscoso (líquido sinovial) que favorece la lubricación y nutre a las células del tejido cartilaginoso interno

- la cápsula articular, que, además de proteger la articulación, mantiene unidos en una estructura más o menos compacta las dos piezas ´´oseas, limitando su movilidad relativa.

Finalmente, las piezas conectadas por medio de una articulación muchas veces están unidas mediante ligamentos. Estructuras fibrosas de tejido conjuntivo que limitan, en cierta medida, las posibilidades de movimiento relativo entre estas piezas. Frecuentemente, los ligamentos son externos, aunque en ocasiones pueden estar dentro de la cavidad articular.

6.3. Descripción de una zona: articulaciones de la columna vertebral

Como articulaciones que no permiten apenas movilidad entre los huesos conectados están los discos intervertebrales. Están constituidos por una serie paralela de láminas de tejido cartilaginoso (la zona central) y conjuntivo rico en colágeno (zona periférica). En cuanto a su morfología son muy similares (redondeados) a los núcleos de las vértebras, aunque su diámetro es algo mayor y sobresalen un poco.

La curvatura habitual de la columna vertebral viene favorecida por la morfología de estos discos intervertebrales. En efecto, los discos de las zonas lumbar y cervical son más estrechos por la zona posterior, mientras que los discos dorsales son más estrechos por la zona anterior. Cabe resaltar, también, que los discos de mayor grosor son los lumbares.

Una serie de estructuras, además de los discos intervertebrales, mantiene la cohesión de la columna vertebral:

- cápsulas articulares (estructuras que unen apófisis adyacentes)

- ligamentos interespinosos (unen dos apófisis espinosas contiguas)

- ligamentos intertransversos (unen dos apófisis transversas contiguas. Son particularmente resistentes en la región lumbar)

- ligamento supraespinoso (se trata de un haz de fibras muy resistente que recorre dorsalmente la columna, uniendo todas las apófisis espinosas)

- los ligamentos amarillos (unen las zonas anteriores de dos arcos vertebrales contiguos)

- el ligamento vertebral común anterior (se trata de un ligamento ancho que recorre toda la columna uniendo todas las vértebras y los discos intervertebrales)

Las costillas se unen a las vértebras y a la zona dorsal del cuerpo mediante las siguientes estructuras:

- carillas articulares, superficies lisas que rodean los extremos de vértebras y costillas

- ligamentos costovertebrales, unen las costillas a las vértebras, permitiendo la resistencia y la holgura suficientes para que se den los movimientos respiratorios. También fijan las costillas a otras zonas de la cavidad torácica

7. HÁBITOS POSTURALES ADECUADOS Y PRINCIPALES ENFERMEDADES

7.1. Enfermedades de los huesos y articulaciones

Citaré inicialmente algunas patologías relacionadas con los huesos. Así pues, tenemos deficiencias vitamínicas como el **raquitismo** u **osteomalacia** – si aparece en adultos- (déficit de vitamina D, que implica una fijación deficiente de calcio y fosfato en la matriz ósea).

La alteración ósea posiblemente más frecuente es la **fractura**. Suele resolverse de forma natural, una vez se procura la alineación e inmovilización de las huesos afectados. ¿Qué ocurre durante el periodo de curación? Se genera un hematoma, que no es más que una proliferación de vasos sanguíneos minúsculos que atrae materiales que se emplearán como un cemento sobre el que se irán depositando osteoblastos y, posteriormente, matriz de fosfato cálcico.

Relacionada con los procesos de fabricación del hueso, encontramos la **osteogénesis imperfecta**, conocida también como enfermedad de los huesos de vidrio. Se trata de una patología congénita caracterizada por una enorme fragilidad ósea, provocada por un déficit en la síntesis de colágeno.

Otra patología ósea, muy frecuentemente asociada a los cambios de la fisiología femenina con la menopausia, es la **osteoporosis**. Se trata de un debilitamiento de los huesos por un incremento de la actividad de los osteoclastos sobre la de los osteoblastos. Suelen aplicarse tratamientos preventivos con vitamina D y calcio y curativos con estrógenos.

Existen también infecciones óseas (**osteomielitis**) causadas normalmente por bacterias del género *Staphylococcus* o *Streptococcus*.

Las curvaturas excesivas de la columna pueden ser patológicas. Hablaríamos de **cifosis pronunciada** o **lordosis pronunciada**. Otra patología común es la desviación lateral de la columna (mirada desde atrás no es recta) que se denomina escoliosis. La terapia más empleada es la corrección de las desviaciones mediante ejercicio físico como la gimnasia dirigida o la natación.

La inflamación de las articulaciones se conoce como **artritis**. Existen muchos tipos de artritis, con causas muy diferentes. La osteoartritis (o **artrosis**) es la forma más común y suele producirse por un proceso traumático, por una infección de la articulación o bien aparecer con la edad. También encontramos la **artritis reumatoide**, que tiene síntomas similares, pero cuya causa está muy definida. Se trata de un desorden autoinmune contra la propia articulación. La **artritis psoriática** es un tipo de inflamación derivada de las psoriasis dérmicas.

Entre los **tumores** que pueden afectar a los huesos encontramos los benignos (quistes óseos, displasias fibrosas, osteomas, osteocondromas,...) y los malignos (osteosarcoma, condrosarcoma, sarcoma de Ewing,...)

7.2. Enfermedades de tipo muscular

Algunas de las patologías que más comúnmente afectan al sistema muscular son...

- desgarro: ruptura del tejido muscular

- calambre: contracción repentina normalmente producida en los músculos superficiales

- esguince: se denomina así a cualquier lesión muscular de tipo leve que consiste únicamente en la rotura muy mínima de algunas fibras

- distrofia muscular: degeneración general de la muscultaura esquelética. Hay de varios tipos (distrofia de Duchenne, de Becker, de Emery-Dreifuss,...)

- atrofia: pérdida de masa musculra

- hipertrofia: desarrollo exagerado del tejido muscular

- poliomielitis: conocida comúnmente como *polio*. Es una enfermedad producida por un virus, que ataca al sistema nervioso central y dificulta la transmisión de los impulsos nerviosos a las extremidades, que acaban atrofiándose

- Miastenia gravis: es una patología autoinmune que se manifiesta como una debilidad del tejido muscular

- fibromialgia, trastorno de tipo reumático no articular, que se caracteriza por un dolor generalizado y rigidez muscular. Afecta a personas, normalmente, entre 20 y 50 años.

8. CONCLUSIÓN

He tratado de exponer las principales características del aparato locomotor humano. Inicialmente, he realizado una descripción de sus piezas más duras (los huesos), para pasar a describir las piezas que, mediante una variación de su tamaño consiguen promueven los movimientos corporales (los músculos). Posteriormente he comentado los diferentes tipos de uniones entre las piezas de este sistema, para concluir citando brevemente algunas de las patologías más remarcables, con lo que doy por concluida mi exposición.

Bibliografía útil:

GUYTON, A.C. y HALL, J.E. (2003) "Tratado de fisiología médica", 10ªed, Ed. McGraw-Hill

LLORET RIERA, M. (2002) "Anatomía aplicada a la actividad física y deportiva", 1ª ed, Ed. Paidotribo.

ROHEN, J.W. y YOKOCHI, C. (2007) "Atlas de anatomía humana", 6ªed, Ed. Elsevier

THIBODEAU, G.A. y PATTON, K.T. (2007) "Anatomía y fisiología", 4ªed, Ed. Interamericana-McGraw-Hill

TORTORA, G.J. y GRABOWSKY, S.R. (2005) "Principios de anatomía y fisiología", 9ªed, Ed. Oxford.

TEMA 60

LOS CAMBIOS CORPORALES A LO LARGO DE LA VIDA. LA SEXUALIDAD Y LA REPRODUCCIÓN. ANATOMÍA Y FISIOLOGÍA DE LOS APARATOS REPRODUCTORES. HÁBITOS SALUDABLES. PRINCIPALES ENFERMEDADES.

0. INTRODUCCIÓN

El ser humano es un ser vivo incluso antes de su nacimiento. No obstante, una de las características más propias de la vida, la capacidad de engendrar seres parcialmente semejantes a él, a los que lega parte de su dotación genética, sólo la adquirirá tras un largo proceso de maduración.

Con la entrada en la pubertad, las personas adquieren en principio esta capacidad reproductora. Trataré de exponer los cambios corporales asociados a este proceso, así como el funcionamiento y anatomía básicos de los órganos responsables. Concluiré haciendo una breve reflexión sobre la relación entre sexualidad y reproducción y comentando las principales patologías y las costumbres recomendables, desde un punto de vista científico, en este tema. Lo haré mediante la siguiente secuencia de contenidos... (es muy conveniente exponer con claridad, aquí al principio, el orden que se va a seguir, leer el índice de una forma ágil)

1. ANATOMÍA Y FISIOLOGÍA DEL APARATO REPRODUCTOR FEMENINO

Describiré la anatomía y funcionamiento de este aparato según el siguiente orden: ovarios, trompas de Falopio, útero, vagina y genitales externos.

1.1. Ovarios

Se trata de un par de órganos homólogos a los testículos, en cuanto a su desarrollo embrionario, del tamaño de una almendra, situados lateralmente al útero. Su posición anatómica queda fijada en el interior de la pelvis por una serie de ligamentos:

-   ligamento ancho (une los ovarios al peritoneo visceral mediante un repliegue del mismo denominado mesovario. Este repliegus se inserta en los ovarios en una zona denominada hilio, por la que entran y salen nervios y vasos sanguíneos)
-   ligamento propio (une los ovarios al útero)
-   ligamento suspensorio (une los ovarios a la pared de la pelvis)

Un análisis histológico de un ovario permitiría distinguir cuatro capas. Yendo desde fuera a dentro, tendríamos...

-   el epitelio geminativo (epitelio monoestratificado) que recubre el órgano. Su nombre se debe a que históricamente se pensaba que era el lugar a partir del que germinaban los óvulos. Hoy se sabe que las células progenitoras provienen del endodermo del saco vitelino y llegan al ovario durante el desarrollo embrionario)
-   la túnica albugínea (tejido conjuntivo rico en colágeno, con sus fibras dispuestas irregularmente, como en la dermis) de color blanquecino
-   la corteza ovárica (de composición similar a la túnica, pero de estructura diferente. Alberga los folículos ováricos)
-   la médula ovárica (en esta matriz de tejido conjuntivo laxo se ubican los vasos sanguíneos y nervios)

En los ovarios tiene lugar un proceso fisiológico muy importante denominado **ovogénesis**. En él podemos distinguir una serie de etapas:

-   **Multiplicación:** las ovogonias (diploides) sufren un proceso activo de mitosis.

-   **Crecimiento:** las ovogonias llevan a cabo un aumento de tamaño debido a la acumulación de sustancias de reserva. La célula resultante de este proceso se denomina ovocito de primer orden.

-   **Maduración:** el ovocito de primer orden (todavía célula diploide) experimenta una primera división meiotica, de la que se originarán dos células de diferente tamaño: la de mayor tamaño será el ovocito de segundo orden y la más pequeña se llamará primer corpúsculo polar, ambas células haploides. En la segunda división meiótica, el ovocito de segundo orden vuelve a dividirse en dos células de diferente tamaño: la de mayor tamaño será el óvulo y el de menor, el segundo corpúsculo polar. El corpúsculo polar obtenido en la primera división meiótica puede o no realizar esta segunda división, originándose así otros dos corpúsculos polares. Estos corpúsculos polares permanecerán adosados al óvulo y acabarán atrofiándose. El óvulo será expulsado hacia las trompas de Falopio.

1.2. Trompas de Falopio u oviductos

Se trata de unos conductos de unos 10 cm de longitud, que transportan los óvulos desde los ovarios al útero. En caso de producirse, en estos conductos tendría lugar la fecundación del óvulo. Este proceso deberá tener lugar durante las 24 horas siguientes a la ovulación.

La parte más cercana a cada ovario se denomina infundíbulo. Termina en una serie de prolongaciones digitiformes, denominadas fimbrias. Una de ellas está unida fuertemente a la zona lateral del ovario.

La trompa de Falopio se continúa con un ensanchamiento largo llamado ampolla y concluye, llegando al útero, con la porción llamada istmo.

Histológicamente, podemos distinguir tres capas en un corte sagital de este conducto:

- la capa más interna está compuesta por un epitelio de células ciliadas que ayuda al movimiento del óvulo. Insertadas en este epitelio, encontramos algunas células secretoras, que aportan secreciones nutritivas para el óvulo.
- la capa media está formada por tejido muscular liso (fibras circulares más internas y longitudinales más externas). En esta capa se dan movimientos peristálticos que ayudan al desplazamiento del óvulo
- la capa más externa, formada por tejido conjuntivo, se denomina serosa

1.3. El útero

Es una cavidad de unos 7.5 cm de longitud, 5 de anchura y 2.5 de espesor, ubicada fuera del peritoneo y rodeada d una gruesa capa muscular. Está preparada para albergar al óvulo fecundado (cigoto) en caso de producirse. Durante cada ciclo ovárico sin fecundación, las paredes del útero adelgazan bruscamente, produciéndose las hemorragias propias de la menstruación.
Se sitúa en posición anterosuperior sobre la vejiga urinaria. Queda fijado en esta posición por la presencia de varios ligamentos: dos ligamentos anchos

(que le unen a cada lado de la pelvis), dos ligamentos útero-sacros (que le unen a este hueso), dos ligamentos cardinales (que bajan verticalmente hacia una zona cercana a la vagina), los ligamentos redondos (que van desde el útero hasta una zona cercana a los labios mayores),...

Podemos distinguir dos regiones anatómicas...
- el cuerpo uterino, al que están unidas por los lados las trompas de Falopio
- el cuello o cérvix uterino

Histológicamente, podemos distinguir tres capas que son, de fuera a dentro...

- serosa, que corresponde al peritoneo
- miometrio, formada básicamente por tres capas de tejido muscular liso, que presenta un mayor grosor en la zona superior (fondo) y menor en el cérvix
- endometrio, capa mucosa especializada que se renueva en cada ciclo menstrual. Esta capa está formada por epitelio cilíndrico muy vascularizado en cuya primera capa se alternan células ciliadas y secretoras. Podemos distinguir dos estratos en este tejido: el estrato funcional (que se desprende durante cada menstruación) y el estrato basal (que regenera el endometrio tras cada ciclo menstrual). Las células secretoras del cérvix fabrican una sustancia denominada moco cervical (~20-60 ml/día). La viscosidad y pH de este fluido puede modular la probabilidad de entrada de los espermatozoides a las trompas de Falopio.

El útero recibe riego sanguíneo desde las arterias uterinas, ramas de la arteria hipogástrica, y vierte su contenido a través de las venas uterinas, que se vacían en las ilíacas internas.

1.4. La vagina

Se trata de una estructura de tipo tubular de ~10cm de longitud, rodeada por pared muscular, que desciende verticalmente (en sentido ligeramente anteroinferior) entre la vejiga y el recto, comunicando el cérvix uterino con la vulva. Puede dilatarse lateral y longitudinalmente unos pocos centímetros.

En la mucosa vaginal encontramos células secretoras (que procuran el mantenimiento de cierto pH ácido, una barrera química contra las infecciones) y unos engrosamientos de la pared (que favorecen la fisiología del acto sexual).

Como en la mayoría de cavidades recubiertas de músculo liso, existen dos capas, una exterior longitudinal y una interior circular. En el extremo inferior del orificio vaginal existe un repliegue membranoso denominado himen, que se pierde tras las primeras relaciones sexuales.

1.5. Vulva

Se emplea este término para referirse en su conjunto a los órganos genitales externos de la mujer, que constan de las siguientes partes:

- monte de Venus → situado en la parte superior. Se trata de una prominencia de naturaleza básicamente adiposa, recubierta generalmente de vello.
- labios mayores → repliegues de la piel que se abren en sentido posteroinferior desde el monte de Venus. Poseen vello. Son homólogos del escroto en varones.
- labios menores → se abren en posición más interior a los labios mayores. Están desprovistos de vello. Son homólogos a la porción esponjosa de la uretra en varones.
- clítoris → se trata de una masa eréctil situada en la confluencia de los labios menores. Es análogo al glande masculino.
- vestíbulo → se denomina así a toda la zona contenida entre los labios menores. Contiene el orificio vaginal, el uretral y el himen (si aún está). Es una zona homóloga a la porción membranosa de la uretra
- glándulas de Skene → se trata de un par de glándulas situadas una a cada lado del orificio uretral. Son las glándulas homólogas a la próstata masculina
- glándulas de Bartholin → se sitúan a ambos lados del orificio vaginal. Segregan mucosidad durante la excitación sexual. Son análogas a las glándulas de Cowper masculinas.
- Bulbo vestibular → se trata de un tejido eréctil, que presiona el pene durante el coito y favorece la excitación. Es homólogo al cuerpo esponjoso en varones.

1.6. El ciclo reproductor en la mujer

Las mujeres en edad fértil, no gestantes, experimentan cambios cíclicos relacionados con el útero y los ovarios, los denominamos, respectivamente, ciclo uterino y ciclo ovárico.

1.6.1. El ciclo ovárico

Su periodicidad aproximada es de 28 días y su objetivo fundamental es la fabricación, maduración y liberación de un óvulo. Podemos distinguir en este proceso tres etapas:

- La fase folicular. Durante ~14 días, se produce la estimulación del desarrollo de uno o varios folículos del ovario, para que al final de este periodo al menos uno haya madurado. Esta estimulación le ejerce la hormona estimuladora del folículo (FSH, según sus siglas inglesas), producida por la hipófisis. Esta hormona experimenta un pico de concentración en sangre hacia el décimo día del ciclo ovárico.

- La fase de ovulación. La hormona luteínica (LH), producida también por la hipófisis, estimula la liberación de un óvulo. Los niveles de esta hormona empiezan a ascender hacia el quinto día del ciclo, alcanzando su máximo a día 15 y descendiendo progresivamente. Durante la fase de ovulación, que podríamos enmarcarla temporalmente en ~2 días, se eleva la temperatura corporal ~0.5°C.
- La fase secretora. En el ovario, una masa de células se transforma en lo que llamamos el cuerpo lúteo amarillo, que segrega progesterona. Esta secreción es máxima a día ~18 y se mantiene en ese nivel máximo durante unos 10-12 días, en que empieza a descender (hacia el final del ciclo ovárico).

1.6.2. El ciclo uterino (o ciclo menstrual)

Consiste en una serie de fluctuaciones cíclicas del grosor de la mucosa uterina, cuya finalidad es preparar al útero para alojar al embrión en el caso de producirse fecundación. Podemos, de nuevo, estudiar este proceso atendiendo a tres fases:

- Fase menstrual (regla o período). Al disminuir drásticamente (al final del ciclo ovárico) las secreciones de progesterona del cuerpo lúteo amarillo, la mucosa del útero se desprende y es expulsada. Con ella se elimina toda la sangre de los capilares, la masa de endometrio engrosado,... lo que conlleva un flujo menstrual de unos 4-5 días de duración (muy aproximadamente).
- Fase de proliferación. El ovario empieza a producir estrógenos y se regenera la pared uterina durante ~11 días.
- Fase secretora. Al comenzar a recibir la progesterona del ovario (señal de que la ovulación se ha producido) la mucosa uterina llega a su máximo nivel de espesor y se prepara para recibir al posible embrión durante ~12 días. Si se produce la fecundación e implantación del embrión en la mucosa uterina, el cuerpo lúteo sigue segregando progesterona y se produce un pico muy fuerte de LH, que es el que se detecta en los tests comerciales de embarazo.

2. ANATOMÍA Y FISIOLOGÍA DEL APARATO REPRODUCTOR MASCULINO

Realizaré una descripción de este aparato según el siguiente orden. Empezaré hablando de la anatomía y funcionamiento de los testículos, para pasar posteriormente explicar las vías reproductoras (epidídimo, conducto deferente y uretra). Finalmente, hablaré de los tres tipos de glándulas (vesículas seminales, próstata y glándulas de Cowper) y de la anatomía y fisiología del pene.

2.1. Los testículos

Se trata de dos órganos de forma elipsoidal con una superficie individual de entre 15 y 35 cm2, dependiendo de los casos. Están recogidos en una especie de bolsa extraabdominal denominada escroto. En la mayoría de varones adultos, uno de los testículos queda en posición ligeramente inferior al otro. Normalmente (~85%) el inferior es el izquierdo, teniendo esto que ver con la distribución diferencial del sistema circulatorio entre ambas mitades del cuerpo.

Histológicamente, en un corte sagital de un testículo vemos una membrana externa (túnica albugínea) y un enorme conjunto de túbulos situados en la parte interna (túbulos seminíferos). Cada uno está compuesto de capas concéntricas de células que representan diferentes estados en la maduración de los espermatozoides. Las capas más internas son los estados más avanzados y las más externas están pobladas por formas celulares más inmaduras. El conjuto de túbulos seminíferos vierten los espermatozoides, una vez formados, hacia un conducto común denominado epidídimo.

Las células más externas se denominan espermatogonias. A partir de ellas se inicia la espermatogénesis, proceso en el que podemos diferenciar varias etapas:

- **Multiplicación:** actividad mitótica elevada de las espermatogonias

- **Crecimiento:** las espermatogonias experimentan un aumento de tamaño, pasando a llamarse espermatocitos de 1er orden, células aún diploides.

- **Maduración:** el espermatocito de 1er orden, tras una división con separación de cada uno de los cromosomas (duplicados) de un par de homólogos, pasará a ser un espermatocito de 2° orden. Éste, a su vez, sufrirá una segunda división con separación de las cromátidas de cada cromosoma duplicado, dando origen a dos células haploides. De este proceso meiótico completo surgen cuatro células haploides llamadas espermátidas.

- **Diferenciación:** las espermátidas, células inmóviles y redondeadas, sufren una serie de profundos cambios (desplazamiento del núcleo hacia uno de los polos, formación del acrosoma a partir del aparato de Golgi, disposición helicoidal de las mitocondrias,....), transformándose en espermatozoides.

El proceso de espermatogénesis funciona de forma óptima a una temperatura inferior a la corporal (~35°C), por lo que tiene sentido la existencia de un escroto y la posición externa de los testículos. En condiciones de baja temperatura, o de stress, se produce un reflejo (el reflejo cremasteriano), en el que la contracción del músculo cremasteriano dirige los testículos hacia la cavidad abdominal.

2.2. Las vías reproductoras

La porción inicial es el epidídimo. Se trata del tubo en el que confluyen los túbulos seminíferos de todo el testículo. Tiene una anchura promedio de 1.2 cm y una longitud de ~5 cm (si, en vez de su estructura tortuosa en la zona posterior del testículo, se extrae este conducto y se estira hasta su máximo, alcanzaría a medir unos 6 m).

Funcionalmente, el epidídimo es el lugar en el que, durante ~10-14 días, los espermatozoides completan su maduración. Una vez producida la eyaculación, aquellos espermatozoides que no sean eyaculados, serán almacenados en este conducto.

El epidídimo de cada testículo confluye en el conducto deferente. Este tubo, de unos 30 cm de longitud, completamente rodeado de musculatura lisa, sube desde el testículo hacia la cavidad abdominal, pasa sobre la vejiga urinaria y vierte su contenido a la uretra a un nivel ligeramente inferior a la salida del conducto proveniente de la próstata. Este tubo actúa también como almacén de los espermatozoides no eyaculados y en él pueden permanecer hasta ~40 días.

La uretra recoge el contenido de cada conducto deferente y a ellos une las secreciones provenientes de cada una de las glándulas que veremos a continuación. El final del recorrido de la uretra, de unos 20 cm en varones, circula por el interior del pene.

2.3. Las glándulas accesorias

Se trata de pequeños órganos secretores que vierten a la uretra sustancias que modulan la viabilidad de los espermatozoides, no sólo dentro de la uretra masculina, sino en el recorrido por las vías reproductoras femeninas.

Las vesículas seminales son glándulas alargadas que se sitúan detrás de la vejiga, delante del recto e inmediatamente por encima de la base de la próstata, con la que se unen por su zona inferior. Son las responsables del 70% del volumen del líquido añadido al semen. Su secreción es rica en fructosa, vitamina C, algunas proteínas, prostaglandinas y ciertos materiales mucosos. Se le suele asignar la función de aportar los nutrientes para los espermatozoides.

La próstata es una glándula en forma de castaña situada frente al recto, justo debajo de la vejiga urinaria, rodeando a la uretra. Su secreción, ligeramente alcalina (pH~7.4) constituye entre el 10 y el 30% del volumen de líquido seminal. Se le suele asignar la función de permitir un mayor tiempo de vida de losespermatozoides en la vagina, que en ausencia de líquido prostático sería mucho más ácida.

Las glándulas de Cowper son muy pequeñas y están situadas debajo de la próstata. Su secreción, a menudo llamada preeyaculado, contiene líquido lubricante y ligeramente alcalino, con lo que, junto a las secreciones prostáticas, ayuda a la supervivencia de los espermatozoides en la vagina.

2.4. El pene

Es un órgano musculoso encargado de la cópula. Está formado por dos masas de tejido eréctil situadas por encima de la uretra, denominadas senos cavernosos. Durante la erección, se llenan de líquido y provocan la dureza del órgano.

Rodeando a la uretra encontramos una masa de tejido no eréctil, denominada cuerpo esponjoso. La porción final de este cuerpo, denominada glande, sí que tiene naturaleza eréctil, se llena también de sangre durante la erección y es la zona más sensible del aparato sexual masculino, equivalente al clítoris femenino, por lo que su papel es fundamental en la fisiología del acto sexual. El glande se recubre de un repliegue de piel denominado prepucio.

3. FISIOLOGÍA DE LA RELACIÓN SEXUAL

Las bases fisiológicas del desarrollo del acto sexual femenino quedan resumidas en los siguientes puntos:

- se reciben estímulos diversos a nivel de corteza cerebral provenientes de receptores táctiles del clítoris y otras zonas erógenas, así como estímulos de naturaleza psíquica. Si bien la estimulación táctil juega un papel importante, el contenido psíquico es mucho más determinante en la estimulación femenina que en la masculina
- se produce una primera señal de estimulación, que es la lubricación vaginal
- tras la penetración, el tejido eréctil del bulbo vestibular hace presión contra el pene, favoreciendo la intensidad de la estimulación táctil
- cuando el nivel de estimulación supera un umbral, reflejos provenientes de la médula espinal desencadenan el orgasmo femenino

Las bases fisiológicas del desarrollo del acto sexual masculino quedan resumidas en los siguientes puntos:

- el sistema nervioso parasimpático (a través del nervio erector) estimula la relajación de la musculatura de los senos cavernosos, lo que propicia su llenado de sangre y su dilatación. Este proceso puede ser disparado por receptores táctiles del glande y otras zonas erógenas.

- paralelamente, las venas que pasan bajo la túnica albugínea y otras venas de salida del pene, son comprimidas, evitando la pérdida de sangre y manteniendo la erección.
- durante el coito, los estímulos táctiles del glande son trasmitidos a la médula espinal a través de los nervios pudendos, lo que desencadena el reflejo de eyaculación, proveniente de las porciones L1, L2, S1 y S2 de la médula espinal. Las porciones lumbares disparan el proceso y las porciones sacras emiten ciertos impulsos rítmicos durante el orgasmo que facilitan la expulsión cíclica de semen.
- Durante el proceso, la circulación sanguínea en el cuerpo esponjoso es normal
- Estímulos nerviosos simpáticos reducen la erección y devuelven todos los parámetros fisiológicos a su estado normal.

4. CAMBIOS CORPORALES ASOCIADOS A LA MADURACIÓN SEXUAL

Denominamos pubertad al conjunto de cambios físicos y psíquicos que experimenta un niño o una niña al adquirir la madurez sexual. Pueden resumirse como sigue:

4.1. Cambios en niñas

- Inicio de la menstruación (menarquía). Suele darse entre los 9 y los 16 años (como valores muy extremos). Se acompañan inicialmente de mareos, malestar general, dolor y son de naturaleza irregular en cuanto a su temporalización.
- Crece el vello púbico, facial y corporal
- Se producen en ocasiones secreciones vaginales de tono blanquecino
- Se produce un enrojecimiento de la mucosa vaginal
- La grasa corporal se redistribuye, se ensancha la pelvis
- Aumenta la estatura
- Se produce un notable cambio en el olor corporal, posiblemente por una modificación de origen hormonal en el metabolismo de los ácidos grasos

4.2. Cambios en niños

- crecen los testículos y el pene
- se desarrolla la musculatura
- la voz se vuelve más grave
- se producen eyaculaciones nocturnas involuntarias
- aparece vello púbico y en otras zonas del cuerpo

- pueden producirse erecciones involuntarias del pene
- se aumenta la estatura
- al igual que en niñas, cambia el olor corporal

5. REFLEXIONES SOBRE LA RELACIÓN ENTRE SEXUALIDAD Y REPRODUCCIÓN

Existen numerosos puntos de vista sobre esta cuestión. Una aproximación fácil, nos llevaría a un texto canónico (puede encontrarse en muchos sitios) en el que abogásemos sobre la necesidad de separar la conducta sexual de la función de reproducción, o, al menos, de considerarla un aspecto voluntario, que la persona tiene la capacidad de elegir. Soy consciente que es esta la tendencia que siguen muchos libros de texto de secundaria y que se indica en el currículo oficial.

No obstante, si se realiza un análisis más profundo de la relación entre ambos procesos. Si se plantean preguntas como *"¿existe realmente una sexualidad plena sin finalidad reproductora?, ¿es importante la sexualidad para la reproducción?, ¿complementa la finalidad reproductora a la sexual?"* y se tratan de responder desde una perspectiva informada y sincera, se llega a la conclusión de que tal separación es incorrecta, e incluso ficticia, aunque parezca técnicamente posible.

Me parecen muy clarificadoras, en el sentido de resaltar la relación indisoluble, objetivamente enriquecedora, entre sexualidad y reproducción, las ideas que expresa Enrique Rojas en el siguiente texto (obviamente, no se trata de un texto para retener todas las ideas, sino para sacar una idea base sobre la relación entre sexualidad, reproducción y relación afectiva, y poder hacer un comentario al respecto):

"La sexualidad humana ofrece una enorme complejidad. Sin embargo, su impulso fundamental es de tipo instintivo. Es la personalidad, formada por la inteligencia, la educación afectiva y la voluntad la que diferencia la sexualidad humana de la animal. La sexualidad es un elemento básico de nuestras vidas, y forma parte, de manera intrincada e inseparable, del más grande de los sentimientos: el amor. Aunque el estallido de la sexualidad se produce a partir de la pubertad, en realidad nos acompaña desde nuestro mismo nacimiento. Como Freud y otros estudiosos descubrieron, el niño presenta ya una faceta sexual desarrollada, que influye en la evolución de su personalidad y que puede determinar, al menos en parte, su vida adulta. Por todo ello es conveniente asumir la sexualidad como algo perfectamente natural, pero también como un factor vital que, relacionado con el deseo, debe ser educado. Como se supo desde los mismos comienzos de la psiquiatría moderna, la represión de la sexualidad puede producir trastornos; igualmente la entrega a una sexualidad descontrolada da lugar a una vida insatisfactoria e infeliz dominada por los impulsos hedonistas.

Las teorías sobre la sexualidad humana son numerosísimas, y tal vez no haya otro tema sobre el que se haya escrito tanto a lo largo de la historia. En realidad no fue hasta finales del siglo XIX que la sexología se convirtió en una ciencia gracias al libro Estudios sobre psicología sexual, del mencionado Ellis. En esta obra se analizaba por primera vez la sexualidad desde un punto de vista general, desvinculado del erotismo. Ellis estudió la relación de pareja, la respuesta sexual de hombres y mujeres, o problemas como la frigidez y la impotencia. Desde entonces ha habido multitud de autores que se han dedicado a este tema que, sin duda, atrae, sorprende y fascina al ser humano: Kinsey, Master, Jonson, Pellegrini, Giese, Lorando... El planteamiento ha sido distinto en cada caso.

El marco ideológico en el que hoy se sitúa la sexualidad en muchos ambientes tiene tres notas negativas que debemos combatir: el agnosticismo (ignora su vertiente espiritual), el utilitarismo (enaltece lo útil y placentero como esencial) y el positivismo (el sexo por sí mismo, sin más). Unos han preferido concentrarse en detalles técnicos; otros han buscado una mejor expresión de las necesidades sexuales; algunos han querido desmitificar el sexo, restándole importancia como cosa natural que es; y otros han preferido indagar en los medios para incrementar el placer.

Todos ellos, sin embargo, han coincidido en un punto: **la sexualidad humana es variada, exclusiva de nuestra especie, pero guarda un poso animal en su impulso de base.** Independientemente del punto de vista, casi todos los autores señalan, por una razón o por otra, que **hay que evitar dejarse dominar por ese impulso instintivo que priva a la sexualidad de sus mejores facetas y convierte la relación de pareja en un mero choque genital para satisfacer un apetito apremiante.**

Por desgracia, estas sugerencias no parecen haber prendido en la sociedad moderna, agobiada por la inmediatez, el hedonismo, el consumismo y la permisividad. Alcanzado el placer físico, la persona se siente vacía —como siempre que se realiza un deseo de manera impulsiva e impersonal— y esto produce sentimientos de culpa, obsesión y neurosis.

Convertir el sexo en una «religión», lo que parece ser una de las normas de la modernidad, es un error. La sexualidad es sólo una parte del ser humano, importante, pero no la más importante,<ni tampoco la única. **La sexualidad humana es, pues, algo más que conseguir un orgasmo rápido. Es parte de una relación profunda entre dos personas, el inicio de un proyecto común que, partiendo de lo corporal, termina en una fusión psicológica, cultural y espiritual.**

La función básica de la sexualidad en la naturaleza es asegurar la continuidad de la especie por medio de la reproducción, **pero en el género humano es algo más. La sexualidad es parte del amor, y el amor conduce al perfeccionamiento de la persona y a la verdadera felicidad. Para que la sexualidad sea satisfactoria y surja el amor es necesario saber controlar el deseo.**

La sexualidad es una parte del amor, pero no es lo mismo que éste. Por el contrario, el sexo con amor forma parte del camino hacia el desarrollo humano en el ámbito de la pareja. El conocimiento del universo afectivo es importante en la vida sexual de la pareja. Forma parte de la educación del deseo, y permite disfrutar de una sexualidad más completa, por cuanto hace que entren en el juego elementos como el autocontrol, la voluntad y el dominio sobre los impulsos. Las personas que se dejan gobernar por sus deseos inmediatos terminan siendo prisioneras y juguetes del momento y se convierten en egoístas incapaces de mantener una verdadera relación comprometida.

Hay que tener en cuenta que **la sexualidad no es un fin en sí misma, sino parte de un entramado. La relación sexual con amor auténtico es una sinfonía donde se hospedan lo físico, lo psicológico, lo espiritual y la propia biografía,** El amor ha sido una de las fuerzas que ha movido a la humanidad a lo largo de la historia.

(…)

El amor, elaborado como pasión exaltada por los autores románticos, devino sentimiento vacío, expresión del hedonismo apresurado, y quedó privado de su verdadero valor como herramienta para alcanzar la plenitud del espíritu.

En la actualidad vemos los resultados de todo ello: una multitud de personas desorientadas, dominadas por el consumismo y privadas de felicidad. Todo el mundo nota que algo va mal, pero no sabe decir exactamente qué. Es hora de efectuar un giro, de realizar un esfuerzo de superación tanto personal como social.

La personalidad es una provincia de la afectividad. Grandes errores psicológicos arrancan de aquí, de separar el sexo y el amor."

Dr. Enrique Rojas – Catedrático de psiquiatría
"EL DESEO SEXUAL SIN AMOR"
ABC, Domingo 27 de Junio de 2004

Debido a que el título exige el comentario de este apartado, considero un tanto arriesgado escoger este tema en un examen de opos. La postura puede no coincidir con la del tribunal (aunque se opte por expresar ideas contrarias a las que he tratado de marcar). No aconsejo la elección de estos temas conflictivos en este tipo de pruebas.

6. HÁBITOS SALUDABLES Y PRINCIPALES ENFERMEDADES

6.1. Aparato reproductor femenino

Pueden existir diversos procesos infecciosos, que reciben nombre específico por su localización (vulvitis, vaginitis, cervicitis, inflamación de las trompas de Falopio). Infecciones muy frecuentes son las candidiasis (producidas por el hongo Candida albicans). Todas estas patologías requerirán tratamiento adecuado (antibióticos, antifúngicos,... según el agente causante).

Otros microorganismo encontrados con frecuencia en las vías reproductoras son los causantes de patologías como la sífilis, la gonorrea, la clamidiasis,... así como muchas otras de origen vírico (herpes genital, hepatitis B, virus del papiloma humano, virus de la inmunodefienciencia humana,...). Puede ser útil en este punto comentar las características de estos virus o infecciones, descritas en otros temas de este temario. Es, por ejemplo, un buen lugar para exponer las características del SIDA, relatadas en el Tema 62.

Pueden desarrollarse diferentes tipos de tumores, el más frecuente de los cuales es el carcinoma de cuello uterino (para el que se ha desarrollado muy recientemente una vacuna, que entrará en breve a formar parte del calendario de vacunación en España). Se han descrito también tumores en ovarios y, en algún caso, en vagina.

Otra patología, no muy frecuente, de origen anatómico, es el himen imperforado. En algunos casos, la comunicación entre el útero y el exterior de la vagina, es prácticamente nula por esta razón, produciéndose problemas en la evacuación del flujo menstrual.

6.2. Aparato reproductor masculino

En la próstata encontramos las siguientes patologías: anomalías congénitas (retrasos en la maduración), diversas infecciones y, como patología más frecuente, el cáncer de próstata (desarrollado con alta frecuencia en varones mayores de 50 años).

En las otras glándulas (vesículas seminales y glándulas de Cowper) no suelen producirse muchas patologías, si bien puede darse algún tipo de carcinoma con escasa frecuencia.

En cuanto a las patologías propias del pene, pueden darse algunas alteraciones congénitas (ausencia, pequeñas dimensiones, duplicación, fimosis,...). No son extremadamente raras las infecciones bacterianas (gonorrea y sífilis) así como algunas de tipo vírico (herpes genital). Estas infecciones suelen darse en la porción interna del pene que contacta con el exterior (uretra). Señalar también la enfermedad de Peyronie, caracterizada por un endurecimiento del tejido de este órgano. Cabe señalar en este apartado la existencia de numerosos desórdenes de tipo psicomotor, como problemas en la eyaculación, impotencia, priapismo (erección dolorosa),...

El escroto puede sufrir alteraciones como el criptorquidismo (ausencia de testículos visibles), algún tipo de tumor (aunque son raros)...

En los testículos pueden darse en ocasiones infecciones provenientes de su comunicación con el exterior, vía epidídimo (parotiditis, tuberculosis,...). No son infrecuentes los tumores de testículo (especialmente frecuentes entre los 20 y 35 años).

7. CONCLUSIÓN

Mi exposición se ha centrado ne describir los aspectos anatómicofisiológicos en los que se basa la capacidad reproductora de las personas. Posteriormente, he tratado de relacionar los conceptos sexualidad y reproducción, para pasar a describir las principales patologías, con lo que doy por finalizada mi exposición.

Bibliografía útil:

GUYTON, A.C. y HALL, J.E. (2003) "Tratado de fisiología médica", 10ªed, Ed. McGraw-Hill

TORTORA, G.J. y GRABOWSKY, S.R. (2005) "Principios de anatomía y fisiología", 9ªed, Ed. Oxford.

THIBODEAU, G.A. y PATTON, K.T. (2007) "Anatomía y fisiología", 4ªed, Ed. Interamericana-McGraw-Hill

www.ingramcontent.com/pod-product-compliance
Lightning Source LLC
Chambersburg PA
CBHW070914180526
45168CB00005B/2015